GLOBAL SUPER FOOD · BEANS & TOFU

KB111606

# 콩·두부

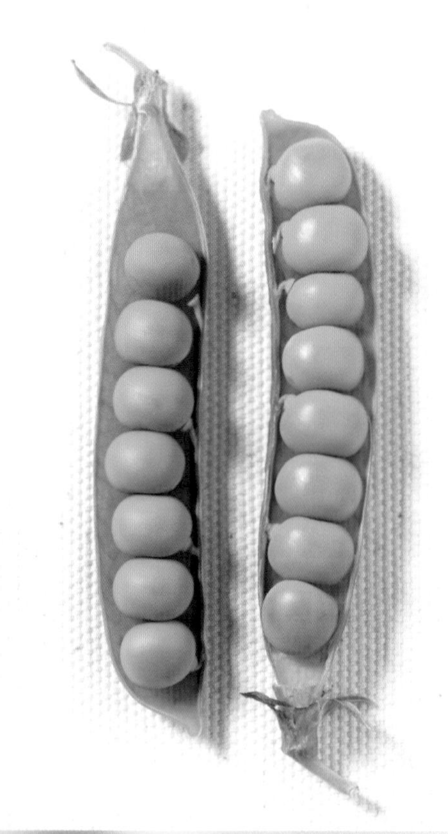

CONTENTS

009 + 프롤로그
콩 한 알이
요리가 되기까지

Basic Information

## 콩·두부 스토리

013 + 콩, 한 알의 우주
015 + 세계의 콩
017 + 콩의 이유 있는 변신
019 + 두부, 제2의 콩

Part 1 • BEANS

## 알콩달콩 콩요리

### 담백 한 상차림

025 • 콩국수
029 • 작두콩돼지고기덮밥
033 • 청포묵냉채
036 • 비지우엉밥
039 • 팥밥
040 • 낫토달걀말이
043 • 모둠콩토마토수프
046 • 콩톳조림
049 • 강낭콩수프
053 • 단팥죽
057 • 녹두죽
059 • 울타리콩페타치즈샐러드
063 • 모둠콩새우샐러드
068 • 병아리콩오이무침

070 • 낫토마무침

073 • 완두콩전

077 • 녹두미니빈대떡

081 • 검은콩자반과 땅콩조림

083 • 호랑이콩새우조림

087 • 완두콩잔멸치조림

089 • 줄기콩오징어볶음

094 • 강낭콩베이컨볶음

096 • 콩탕

099 • 백태비지찌개

101 • 줄기콩돼지갈비찜

106 • 두유알찜

108 • 줄기콩조개찜


## 특별 한 요리


113 • 줄기콩라이스페이퍼말이

117 • 모둠콩프리타타

121 • 모둠콩페이조아다

125 • 모둠콩소고기스튜

129 • 병아리콩까슐레

133 • 렌틸콩커리

137 • 줄기콩오코노미야키

141 • 완두콩감자고로케

146 • 병아리콩후무스와 채소스틱

148 • 렌틸콩팔라펠

151 • 팥치즈페이스트 오픈샌드위치

155 • 모둠콩닭고기부리또

159 • 콩도넛

163 • 렌틸콩머핀

167 • 두유아이스크림

170 • 당근사과두유

172 • 두유푸딩

175 • 팥라떼

Part 2 • TOFU

# 말랑 포근 두부 요리

## 담백 한 상차림


181 • 연두부잔치국수
185 • 두부밥
189 • 유부초밥
193 • 두부장비빔밥
195 • 두부초밥
199 • 마파두부덮밥
203 • 연두부북어죽
207 • 두부냉채
211 • 연두부냉채
215 • 두부세발나물무침
219 • 두부김치
223 • 두부굴소스볶음
227 • 두부튀김채소볶음
231 • 두부버섯잡채
235 • 두부목이버섯전
239 • 두부소박이
243 • 두부멸치양념조림
245 • 말린두부조림
247 • 두부선
249 • 두부돼지고기찜
254 • 순두부찌개
256 • 맑은순두부탕
259 • 두부젓국찌개
263 • 유부주머니탕
267 • 두부전골

## 특별 한 요리


273 ◆ 순두부카프레제

275 ◆ 두부치즈오븐구이

277 ◆ 두부스테이크

281 ◆ 두부말이커리튀김

285 ◆ 두부강정

289 ◆ 홍쇼두부

294 ◆ 두부가라아게

296 ◆ 두부만두

299 ◆ 두부피자

303 ◆ 두부미니샌드위치

307 ◆ 두부카나페

311 ◆ 연두부티라미수

314 + 찾아보기

# 콩 한 알이
# 요리가 되기까지

콩은 글로벌 식재료로 각광받고 있습니다. 아시아 문화권뿐만 아니라 세계적으로 건강 요리 레시피에 빠지지 않고 등장하죠. 특히 세계의 장수 마을로 꼽히는 지역마다 콩으로 만드는 요리법 하나쯤은 가지고 있다고 해요. 그만큼 콩이 건강한 식재료라는 증거겠죠.

〈**콩·두부**〉에는 콩과 두부로 만든 요리 83종이 등장합니다. 밥과 반찬 그리고 한 그릇으로 끼니를 해결할 수 있는 **'담백 한 상차림'**, 이색적인 콩·두부 요리와 디저트를 접할 수 있는 **'특별 한 접시'** 등으로 카테고리를 나누어 콩과 두부 요리를 소개하고 있습니다.

흔하지만 알고 보면 귀중한 먹거리, 콩과 두부로 다양한 요리를 집에서 즐기면서 우리 가족을 위한 알차고 건강한 식탁을 만들어 보세요!

콩과 두부 요리의 레시피는 한 가족(4인) 기준입니다. 재료의 양은 개인차가 있으니 참고하세요.

계량 단위는 다음과 같습니다. 1큰술은 밥 한 숟가락(15g) 정도, 1작은술은 한 티스푼(5g) 정도이며 1컵은 200㎖ 기준입니다.

재료는 주재료와 부재료로 나뉘어 있습니다. 주재료는 콩 혹은 두부를 포함한 요리의 식감을 담당하게 될 재료이며, 부재료는 양념 혹은 드레싱 등 요리의 맛과 향을 담당하는 재료입니다.

TIP은 주재료에 대한 상식과 재료를 다듬거나 조리하는 과정에서 알아두면 더 좋은 점이나 주의해야 할 사항 등을 다루고 있습니다.

생콩이 없어 말린 콩을 사용할 경우엔 물에 불려 조리하면 됩니다. 불리는 시간은 콩마다 조금씩 다릅니다.

BEANS & TOFU
+
Basic Information
콩·두부
스토리

# 콩, 한 알의 우주

**콩이 우리와 함께 한 역사는 매우 깁니다.**

〈삼국사기〉에도 콩에 대한 자료가 나올 정도니까요. 고려 시대에는 한약 약재에 콩이 등장하기도 한답니다. 역시 콩은 아주 오래전부터 지금까지 사랑받고 있고 앞으로도 인기 높을 먹거리인가 봅니다.

**사람과 같이 해온 오랜 역사만큼이나 콩의 효능은 무궁무진해요.**

콩의 식물성 단백질은 혈중 콜레스테롤 수치를 낮춰주며 혈관을 튼튼하게 하고 피를 깨끗하게 정화시켜주죠. 근간에 알려진 바로는 콩 속 생리활성성분이 각종 성인병과 암 예방에 효과적이라고 해요. 그 밖에도 체중 감량, 골밀도 증가, 체질 개선, 두뇌 활동 증가 등 콩의 영역은 끝이 없습니다.

**그 종류 또한 다양한데요.**

단백질 함량이 높은 콩은 두부, 된장용으로 쓰이고, 작은 흰콩은 콩나물, 기름기가 상대적으로 많은 콩은 기름을 짜서 사용합니다. 굵고 색이 짙은 검정콩, 밤콩 등은 주로 쌀과 섞어 밥을 해 먹습니다.

**종류가 다양한 만큼 콩의 특성에 따라 좋은 콩을 고르는 요령도 다릅니다.**

백태는 껍질이 얇고 깨끗하며 윤기가 흐르는 것이 좋다고 합니다. 강낭콩은 붉은색 부분이 두드러지며 윤기가 흐르고 씨눈 부분이 약간 튀어나온 것이 좋은 콩이라고 하네요. 검은콩은 낱알이 굵고 둥글둥글하며 '一'자의 갈색 선이 뚜렷한 것이 건강한 콩이라고 합니다.

**그런데 콩을 많이 사놓고 보관을 잘못하면 아무런 소용이 없겠지요.**

가급적 햇빛을 피해 18~22℃ 정도의 온도에 수분 함량은 11% 이하로 유지시킨 공간에 보관하는 것이 좋습니다. 또한 통풍이 잘되는 용기나 자루에 담는 것도 하나의 요령이에요. 용기나 자루 바닥에 습기 제거제 역할을 하는 소금을 뿌려놓는 방법도 있다고 합니다. 통상적인 보관 기간은 3개월인데 보관 조건만 잘 유지시켜 주면 기간은 얼마든지 늘어날 수 있습니다.

# 세계의 콩

이제부터 만들 콩 요리에는 우리나라뿐만 아니라 세계 여러 나라의 전통적인 혹은 독특한 콩들이 등장해요. 요즘은 우리나라에서도 다른 나라의 식재료를 어렵지 않게 구할 수 있어서 세계 각국의 콩 요리를 만드는 일이 가능해졌어요. 요즘 뜨고 있는 세계의 콩들을 소개해 볼게요.

**병아리콩**

인도, 중동 지방, 이집트 등지에서 주로 재배한다. 모양이 병아리 머리와 비슷해서 병아리콩이라는 이름으로 불리고 있다. 주로 수프나 커리 재료로 쓰이며, 콩 종류 중에서는 콜레스테롤 수치를 가장 많이 떨어뜨리는 것으로 알려져 있다.

**렌틸콩**

인도, 남유럽 등지에서 주로 난다. 모양이 볼록렌즈와 비슷해서 '렌즈콩'이라 불리기도 한다. 척박한 땅에서도 잘 자라며, 장기간 실온 보관이 가능해 인기가 많다. 단백질은 물론이고 식이섬유와 칼륨, 엽산, 철분, 비타민B 등 영양이 풍부하여 노화 방지와 면역력 강화, 심혈관계 질병을 예방하는 데 탁월하다고 한다.

**줄기콩**

스트링 빈스(String Beans)라고도 불린다. 미처 다 자라지 않은 콩꼬투리를 수확하여 껍질째 먹는데 부드럽고 향도 좋다. 서양에서는 통째로 찌거나 볶아서 스테이크 요리에 곁들이기도 하며, 다른 채소나 고기류와 함께 샐러드, 볶음 요리로 활용하기도 한다.

**낫토**

일본 전통의 발효 식품으로서 우리나라의 청국장과 비슷하다. 혈압을 내리고 골다공증을 예방하며 항균 효과가 인정되어 미용과 건강 음식으로 인기가 높아졌다.

# 콩의 이유 있는 변신

콩은 그 자체만으로도 훌륭한 식품입니다. 그런데 콩에 열과 힘을 가하면 더욱 활용도 높은 식재료로 변신을 하지요. 그래서 그 종류와 특성만큼이나 다양한 개성 만점의 풍성한 콩 요리를 즐길 수 있습니다.

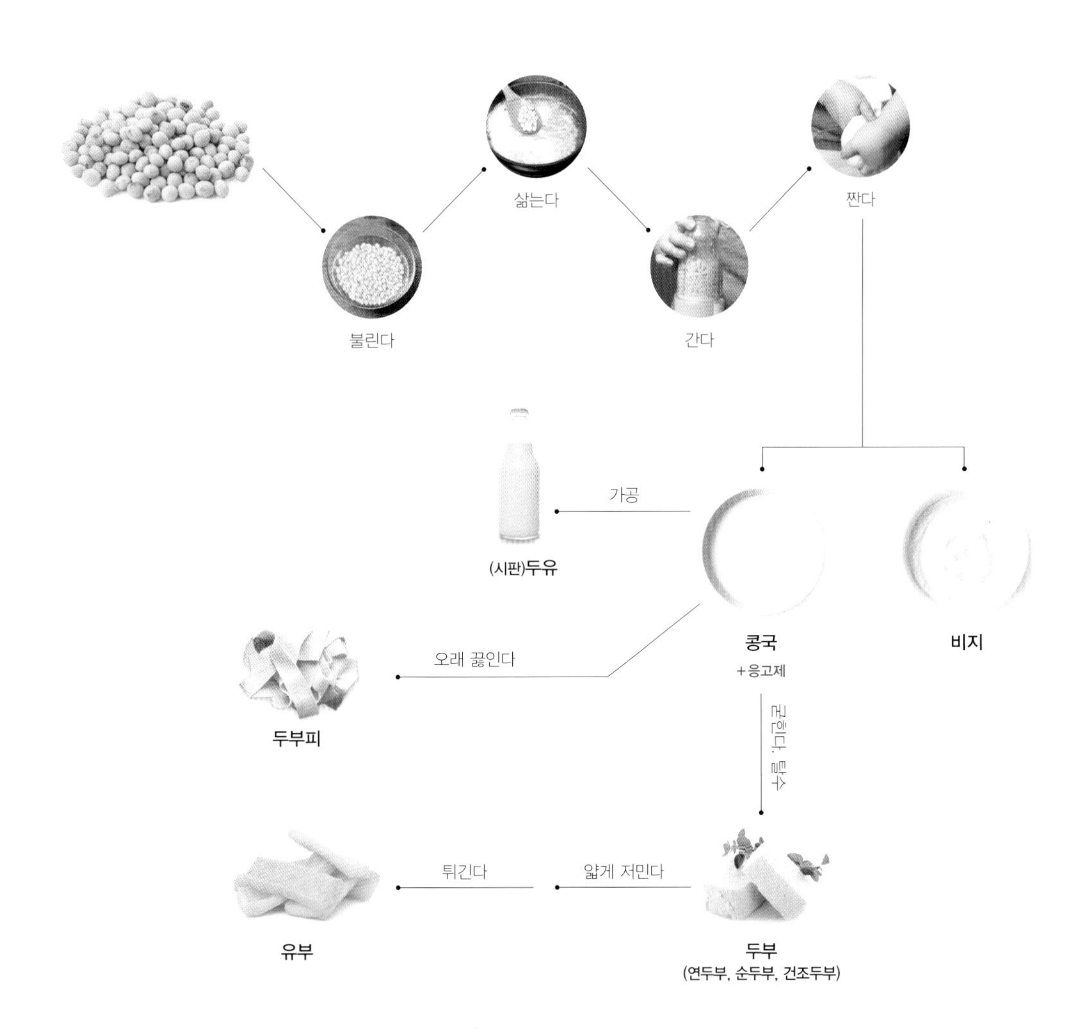

# 두부, 제2의 콩

콩에서 파생된 식재료 중 가장 대중적인 가공품인 두부는 우리나라뿐만 아니라 아시아권 나라들에서도 보편적으로 만들고 요리에 활용하고 있습니다. 콩의 거의 모든 영양소를 고스란히 가져온 식품으로 알려져 이제는 서양권에서도 각광받는 음식이기도 하죠.

단백질이 풍부한 콩은 영양 면에서는 우수하나 소화력이 떨어지는 단점이 있는 반면, 콩의 거의 모든 영양소를 그대로 가져온 두부는 그 소화력이 95%에 달하기 때문이라는군요. 그래서 먹기 좋고 맛도 훌륭하며 영양까지 우수한 두부는 콩을 대신한 단백질 공급원으로서의 자격이 충분한 것 같습니다.

근래 들어 건강에 관심이 더욱 높아지며 집에서 이런 두부를 만들어 먹는 사람들이 늘어나고 있는 추세입니다. 그래서 각기 다른 레시피들이 쏟아져 나오고 있는데요. 복잡할 것 같지만 이외로 간단한 홈메이드 두부 만들기에 대해 알아보아요!

❶ 콩은 씻어 물에 하룻밤 정도(7~8시간 정도) 불린다.

❷ 불린 콩은 맷돌이나 믹서에 곱게 간다.

❸ 간 콩은 무명 자루에 넣고 꼭 짜준다. 콩국과 비지가 분리된다.

❹ 콩국을 끓인다. 서서히 저으면서 거품을 걷어준다.

❺ 끓인 콩국이 70~80℃가 될 때까지 식으면 염화칼슘, 염화마그네슘, 황산칼슘 등의 응고제를 고루 넣어준다. 콩국이 엉기기 시작한다.

❻ 콩국의 단백질이 굳으면서 물과 분리되면 웃물은 버리고 가라앉은 응고물은 두부 틀 안에 붓고 누름돌 같은 무거운 물체로 눌러 주어 물기를 뺀다.

PART 1

BEANS

# 알콩달콩 콩 요리

# 담백한 상차림

콩으로 차리는 밥과 반찬, 찌개와 찜
그리고 한 끼 식사용으로 좋은
다양한 요리들을 소개합니다.

고소한 콩물을 그대로 후루룩

# 콩국수

콩 1컵
볶은 콩가루 1큰술

국수 2묶음(150g)
방울토마토 2개
오이 1/2개
물 5컵
얼음 3컵

검은깨 2큰술
굵은소금 적당량
설탕 적당량

01 콩은 씻어서 4시간 정도 불린다. 냄비에 불린 콩과 물 7컵을 넣어서 15~20분간 푹 끓인다.

02 01을 한 김 내보낸 다음 곱게 갈고, 콩물에 볶은 콩가루, 얼음을 넣어서 농도를 맞춘 후 기호에 맞도록 소금이나 설탕을 넣고 간을 한다.

03 국수는 끓는 물에 넣어서 삶은 다음 찬물에 잘 헹군다.

04 오이는 씻어서 곱게 채를 썬 다음 국수 위에 올리고 방울토마토, 검은깨도 같이 올린다.

05 04의 재료에 02의 콩국을 얹어서 낸다.

**+TIP**

+ 국수면은 소면이나 칼국수면 등 기호에 맞게 선택해도 좋다.
+ 볶은 콩가루를 넣을 때 땅콩이나 호두 등의 견과류를 갈아서 같이 넣으면 더 고소하게 즐길 수 있다.

## 콩국수 만드는 법

콩은 씻어서 4시간 정도 불린다.

물 7컵을 넣어서 15~20분간 푹 끓인다.

한 김 내보낸 다음 곱게 간다.

오이는 씻어서 곱게 채를 썬다.

콩물에 볶은 콩가루, 얼음을 넣어서 농도를 맞춘 후 기호에 맞도록 소금이나 설탕을 넣고 간을 한다.

국수는 끓는 물에 넣어서 삶는다.

찬물에 잘 헹군다.

방울토마토, 검은깨도 같이 올린다.

큼직한 콩으로 푸짐함이 더해진

# 작두콩돼지고기덮밥

작두콩 $^{2}/_{3}$컵

돼지고기 200g
양파 $^{1}/_{2}$개
대파 $^{1}/_{3}$대
청·홍고추 1개씩
밥 2공기
식용유 1큰술
참기름 1작은술
영양부추 $^{1}/_{5}$단

**밑간 양념**

간장 1작은술
다진 마늘 1큰술
후추 약간
맛술 1큰술
참기름 1작은술

**덮밥 소스**

고춧가루 2큰술
간장 4큰술
설탕 1큰술
올리고당 2큰술
물녹말 2큰술
다시마 우린 물 6컵
소금·후추 약간

**01** 작두콩은 찬물에 4시간 동안 푹 불린다.

**02** 0.5cm 두께로 저민 돼지고기는 사방 3cm 크기로 썰어 양념을 넣어서 밑간한다.

**03** 양파는 굵게 채를 썰고, 고추와 대파는 어슷하게 썰어둔다.
영양부추는 씻어서 4cm 길이로 썰어둔다.

**04** 팬에 기름을 두르고 고기를 볶다가 불린 작두콩을 넣어서 같이 볶는다.

**05** **04**의 고기가 어느 정도 익으면 다시마 우린 물, 간장을 넣고 끓인다.

**06** **05**의 재료들이 익으면 고춧가루, 설탕, 올리고당, 후추를 넣고 조금 더 끓인다.

**07** **06**에 채소를 넣고 다시 끓으면 물녹말로 농도를 맞춘 다음 불을 끄고
참기름을 넣는다.

**08** 밥을 그릇에 담고 **07**을 끼얹은 다음 영양부추도 얹어서 낸다.
기호에 따라 소금으로 간을 한다.

**+TIP**

+ 고기에 잔 칼집을 넣으면 양념이 속까지 골고루 밴다.
+ 물녹말을 2~3번에 나누어 농도를 보면서 넣는다.

## 작두콩돼지고기덮밥 만드는 법

작두콩은 물에 불린다.

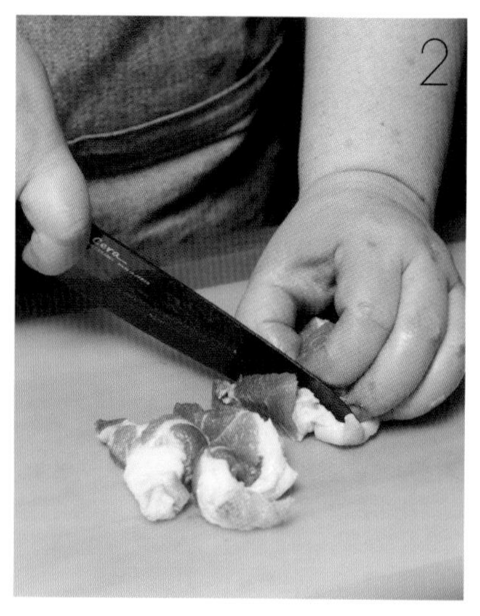


0.5cm 두께로 저민 돼지고기는 사방 3cm 크기로 썬다.

밑간 양념을 넣어 재워 둔다.

기름을 두르고 밑간한 돼지고기를 먼저 볶는다.

불려 놓은 작두콩을 돼지고기와 같이 볶는다.

돼지고기가 거의 익었다 싶으면 다시마 우린 물과 간장을 넣고 끓인다.

양파는 굵게 채를 썬다.

대파와 청·홍고추는 어슷하게 썬다.

콩과 돼지고기가 다 익으면 고춧가루, 설탕, 올리고당, 후추 등을 넣고 조금 더 끓인다.

채소를 넣고 한번 끓으면 물녹말로 농도를 맞추고 불을 끈 뒤 참기름으로 마무리한다.

청포묵냉채
비지우엉밥

탱글탱글한 한식 샐러드

# 청포묵냉채

청포묵 1/2모

달걀 1개
말린 표고버섯 2개
미나리 5줄기
홍고추 1개
다진 소고기 50g

소금 약간
들기름 2작은술

**청포묵 양념**
소금 1/2작은술
들기름 1작은술

**밑간 양념**
간장 1작은술
참기름 1/2작은술
후추 약간

01 청포묵은 사방 0.5cm 크기로 채 썰어서 끓는 물에 소금을 넣고 살짝 데친다.

02 01의 청포묵에 소금 1/2 작은술과 들기름 1작은술을 넣어서 무친다.

03 달걀은 노른자와 흰자를 분리한 다음 소금으로 간한다.
각각 풀어서 지단을 얇게 부친 후 얇게 채 썬다.

04 표고버섯은 뜨거운 물에 불린 다음 채 썬다.

05 미나리는 잎을 떼어낸 다음 끓는 물에 소금을 넣고 데친 뒤 찬물에 담근다.

06 05의 미나리는 물기를 꼭 짜서 4cm 길이로 썰고, 홍고추는 씨를 제거한 다음
0.2cm 두께로 썬다.

07 다진 소고기와 04의 표고버섯을 밑간 양념으로 같이 재워 놓는다.

08 기름 1작은술로 07의 버섯을 볶다가 팬의 한쪽으로 밀어둔 다음 소고기를 볶는다.

09 08과 나머지 재료를 볼에 담고 소금, 들기름 2작은술로 무친다.

10 접시에 담고 03의 지단을 올린다.

**+TIP**

+ 말린 표고버섯을 불려 사용하면 생표고버섯보다 그 향이 더 강하다. 만약 표고버섯의 강한 향이 싫다면 생표고버섯을 사용하도록 한다.
+ 청포묵은 녹두로 만들기 때문에 녹두묵이라고 부르기도 한다.

### 청포묵냉채 만드는 법

청포묵은 채 썬다.

채 썬 청포묵은 끓는 소금물에 살짝 데친다.

데친 청포묵은 소금과 들기름으로 양념한다.

미나리는 잎을 떼어내고 줄기를 끓는 소금물에 살짝 데친 뒤 찬물에 담근다.

데친 미나리는 4cm 길이로 썬다.

홍고추는 씨를 발라내고 0.2cm 두께로 썬다.

달걀은 노른자와 흰자 지단을 각각 부친다.

부친 지단은 곱게 채 썬다.

불린 표고버섯은 채를 썬다.

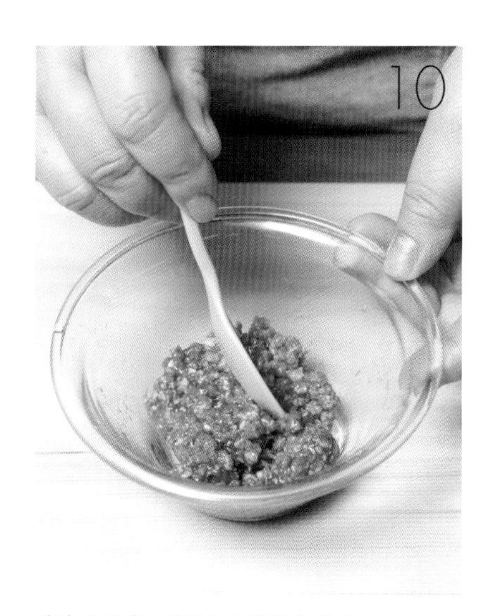


다진 소고기는 양념으로 밑간을 한다.

밑간을 한 버섯을 볶다가 한쪽으로 밀어둔 다음
소고기를 볶는다.

준비한 모든 재료를 섞어 소금과 들기름으로
무친 후 지단을 올린다.

구수한 비지와 아삭한 우엉의 조화

# 비지우엉밥

백태 1/4컵

우엉 200g
당근 1/4개
다진 소고기 100g
쌀 1+1/2컵
물 2+1/4컵

**밑간 양념**
다진 마늘 1/2작은술
참기름 1/2작은술
소금 약간

**01** 콩은 4시간 동안 푹 불린 다음 체에 밭쳐서 물기를 제거하고, 믹서에 물 2+1/4 컵과 같이 넣어서 곱게 간다.

**02** 우엉은 씻어서 껍질을 벗기고 사방 0.5cm 크기로 잘게 썰어서 찬물에 담갔다가 물기를 제거한다.

**03** 다진 소고기는 양념으로 밑간한다.

**04** 당근은 껍질을 벗긴 다음 잘게 다져서 준비한다.

**05** 냄비에 쌀을 넣고 그 위에 우엉과 당근, **03**의 소고기를 얹는다.

**06** **01**의 갈아진 콩물을 **05**의 밥에 붓는다.

**07** **06**의 밥을 센 불에서 가열하다 끓으면 약불로 줄인 다음 쌀알이 냄비에 붙는 소리가 나면 불을 세게 해서 20초간 가열한 후 5분간 뜸을 들인다.

**07** 완성된 밥을 고루 섞어서 그릇에 담는다.

**+TIP**

+ 비지를 끓일 때 삶은 우거지를 곱게 썰어 넣어도 좋다.
+ 약불로 줄인 뒤 눋지 않도록 가끔 저어주되, 너무 자주 저으면 삭아서 웃물이 생기므로 주의한다.

## 비지우엉밥 만드는 법

불린 콩은 믹서에 간다.

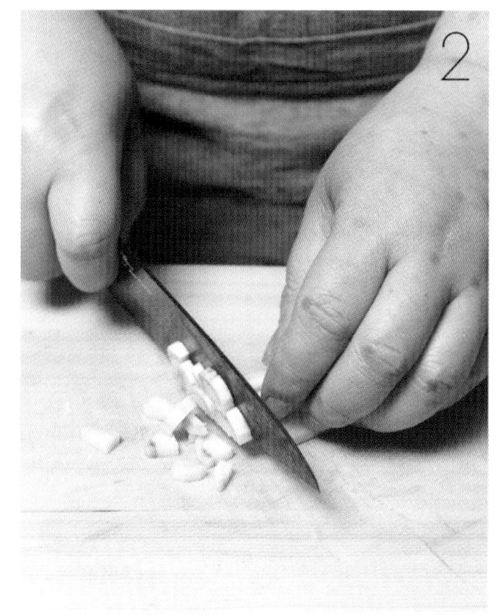


우엉은 껍질을 벗기고 잘게 썬다.

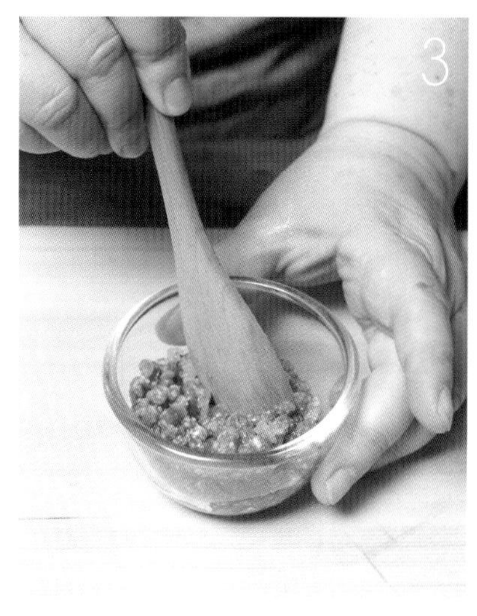


다진 소고기는 양념으로 밑간한다.

당근도 잘게 썬다.

밥할 냄비에 쌀과 준비한 재료를 넣는다.

갈아진 콩물도 부어 밥을 한다.

팥밥
낫토달걀말이

포슬포슬한 팥알 가득

# 팥밥

팥 $^{1}/_{2}$컵

찹쌀 $^{1}/_{4}$컵
멥쌀 1+$^{1}/_{2}$컵
물 2컵

01 팥은 일어서 돌을 제거한 다음 씻어서 한소끔 끓인 후 건져 놓는다.

02 냄비에 **01**의 팥과 물 2컵을 넣고 중약불에서 팥의 물이 없어지도록 끓인다.

03 찹쌀과 멥쌀은 씻어서 물에 30분 정도 불린다.

04 냄비에 **03**의 쌀과 **02**의 팥, 물 2컵을 넣어서 밥을 한다.

**+TIP**

+ 밥을 풀 때 위아래로 잘 섞어 팥과 쌀이 그릇에 골고루 담기도록 한다.
+ 팥밥을 지을 때는 흰밥을 지을 때보다 물을 약간 많이 잡아야 팥이 충분히 무를 수 있다.

팥은 한번 끓여 체에 밭친다.

한번 끓여 놓은 팥은 물이 없어질 때까지 다시 끓인다.

멥쌀과 찹쌀은 물에 불린다.

쌀과 팥을 섞어 밥을 한다.

입안을 감싸며 넘어가는 낫토의 부드러움

# 낫토달걀말이

낫토 40g

달걀 3개
파슬리 잎 2장
소금 1/4작은술
식용유 적당량

01 달걀은 볼에 푼다.

02 파슬리는 잘게 다져서 준비한다.

03 01의 달걀에 낫토와 파슬리가루, 소금을 넣어서 잘 섞는다.

04 달군 팬에 기름을 두르고 03의 달걀을 반 정도 붓고 다 익기 전에 접어서 말이 모양을 만든다.

05 04의 달걀말이를 한쪽으로 몰아 놓고 말이 가장자리에 나머지 달걀물을 부어주며 돌돌 말아준다.

06 05의 달걀말이는 한 김 식힌 다음 먹기 좋게 썰어 접시에 담는다.

**+TIP**

+ 달걀말이를 할 때 팬에 기름을 많이 두르면 달걀이 부풀어 올라 깔끔하지 않다. 달군 팬에 기름을 두른 뒤 키친타월로 살짝 닦아주자.
+ 낫토는 콩을 발효시켜 만든 음식으로서 우리나라의 청국장과 비슷하다. 낫토도 종류가 다양한데 '이토비키낫토'는 설탕을 넣기 때문에 단맛이 강한 것이 특징이다.

## 낫토달걀말이 만드는 법

볼에 달걀을 깨고 다진 파슬리와 낫토를 넣는다.

고루 저어 섞는다.

소금으로 간한다.

팬 바닥을 채울 정도만 부어서 말이를 완성한다.

말이를 한쪽으로 밀어놓고 가장자리에 나머지 달걀물을 부어주며 돌돌 말아주면 잘 말린다.

모둠콩토마토수프

콩톳조림

영양 가득, 든든한 한 숟가락

# 모둠콩토마토수프

모둠콩 $\frac{1}{2}$컵

토마토 2개
양파 $\frac{1}{4}$개
올리브유 2큰술
닭가슴살 1조각
다진 파슬리 1큰술
마늘 2톨
물 4컵

우스터소스 2큰술
소금 약간
후추 약간

**01** 모둠콩은 씻어서 잡티와 돌 등을 제거한 다음 물 2컵에 4시간 이상 불린다.

**02** 닭가슴살은 사방 1.5cm 크기로 썰어서 달군 냄비에 올리브유와 불린 콩을 넣고 볶는다.

**03** 양파는 곱게 채를 썰고, 마늘은 편으로 썰어서 볶은 뒤 **02**의 재료와 섞는다.

**04** **02**에 **03**의 볶은 채소와 물 4컵을 넣고 끓이다가 우스터소스를 넣고 끓인다.

**05** 토마토 꼭지 반대편 표면에 십자가 형태로 칼집을 낸 다음 끓는 물에 데쳐서 껍질을 벗긴다. 씨를 제거하고 사방 2cm 크기로 썬다.

**06** **05**의 콩이 익었으면 토마토를 넣고 재료를 자작하게 끓이다가 소금, 후추로 간한 다음 그릇에 담고 다진 파슬리를 얹어서 낸다.

**+TIP**

+ 생토마토는 겉의 얇은 막을 제거하지 않고 요리할 경우, 식감이 불편할 수도 있다. 칼집을 내고 뜨거운 물에 살짝 데치면 얇은 껍질을 쉽게 제거할 수 있다.

## 모둠콩토마토수프 만드는 법

모둠콩은 씻어서 물에 불린다.

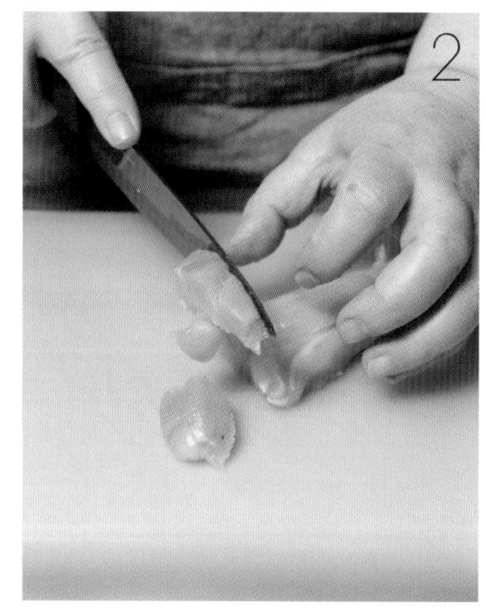


닭가슴살은 사방 1.5cm 크기로 썬다.

불린 모둠콩과 닭가슴살을 올리브유로 한 번 볶는다.

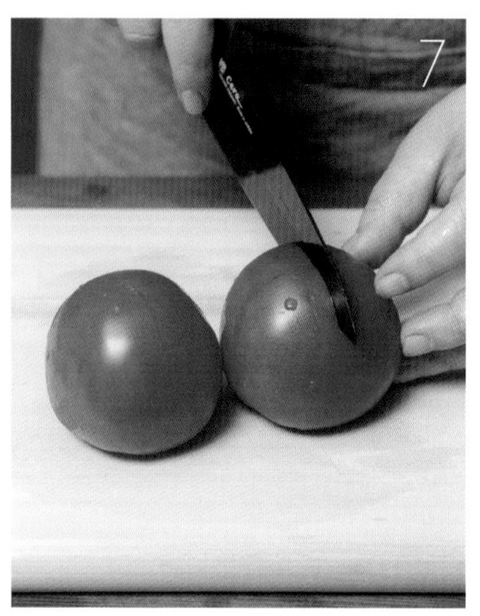

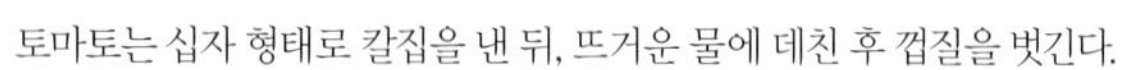
토마토는 십자 형태로 칼집을 낸 뒤, 뜨거운 물에 데친 후 껍질을 벗긴다.

양파는 곱게 채 썰고, 마늘은 편을 썰어 함께 볶는다.

볶아둔 모둠콩과 닭가슴살, 볶은 양파와 마늘에 물을 부어 끓인다.

우스터소스를 넣는다.

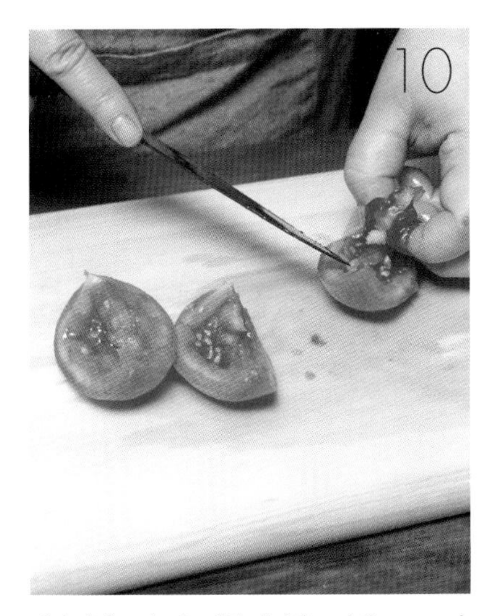


껍질 벗긴 토마토는 씨를 제거하고 사방 2cm 크기로 썬다.

자작하게 끓여지면 토마토를 넣고 소금, 후추로 간을 한다.

오돌오돌 재미있는 식감

# 콩톳조림

백태 1/2컵

말린 톳 1/3컵
다시마 국물 3컵

간장 3큰술
올리고당 2큰술
통깨 1큰술

01 콩은 씻어서 잡티와 돌 등을 고른 다음 물 2컵과 같이 4시간 이상 불린다.

02 톳은 씻어서 물에 30분간 불린 다음 물기를 제거하고 먹기 좋게 썰어 둔다.

03 다시마 우린 물에 **01**의 콩을 넣고 끓이다 간장을 넣고 삶는다.

04 **03**의 콩 국물이 거의 없어지고 콩이 충분히 익었으면 올리고당을 넣고 자작하게 졸인다.

05 **04**의 국물이 거의 없어지면 **02**의 톳을 넣고 섞은 다음 불을 끄고 통깨를 뿌린다.

**+TIP**

+ 톳 같은 해조류는 물에 불릴 경우 3배 이상 늘어나므로, 말린 해조류의 양은 불렸을 경우 양이 늘어날 것을 예상해서 적당히 잡는다.

## 콩톳조림 만드는 법

콩은 씻어서 물에 불린다.

톳도 씻어서 30분간 물에 불린다.

불린 톳은 먹기 좋게 썬다.

불린 콩을 다시마 우린 물에 넣고 끓인다. 한번 끓으면 간장을 넣고 삶는다.

콩이 익으면 올리고당을 넣고 졸이고, 톳을 넣어 섞어준다.

불을 끄고 통깨를 뿌린다.

고소한 콩 맛이 살아 있는

# 강낭콩수프

말린 강낭콩 1/2컵

양파 1/4개
밀가루 2큰술
마늘 2톨
버터 2큰술
물 7컵

우유 1컵
소금 약간
후추 약간
다진 파슬리 1큰술

01 강낭콩은 깨끗이 씻어 물에 4시간 정도 불린 후 체에 밭쳐 물기를 뺀다.

02 양파는 사방 0.5cm 크기로 썰고, 마늘은 편 썬다.

03 달군 팬에 버터, 강낭콩, 밀가루를 넣어서 같이 볶는다.

04 03에 물을 넣고 끓이다가 한소끔 끓어오르면 양파와 마늘을 넣고 콩이 퍼질 정도로 끓인다.

05 04를 한 김 식힌 다음 믹서에 곱게 갈아서 냄비에 담는다.

06 우유, 소금, 후추를 넣어서 간을 한 다음 한소끔 끓으면 불을 끄고 그릇에 담아 다진 파슬리를 얹어서 낸다.

**+TIP**

+ 껍질이 씹히는 것이 싫다면 믹서에 간 뒤 체에 밭쳐 국물만 걸러도 된다.
+ 우유 대신 코코넛 밀크나 두유를 사용해도 좋다.

## 강낭콩수프 만드는 법

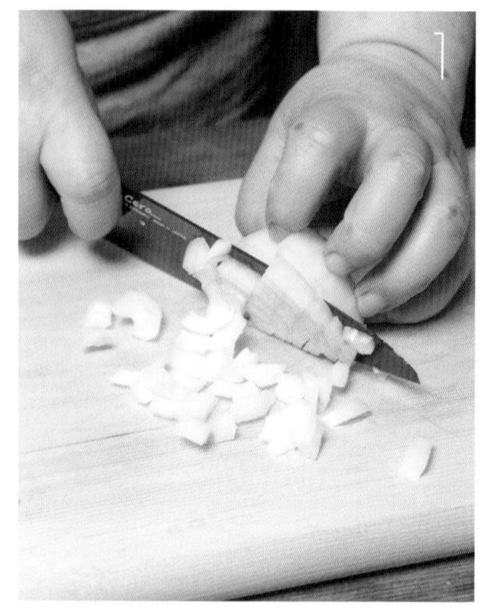

양파를 잘게 썬다

마늘은 편 썬다.

팬에 버터를 녹인다.

물을 부어 끓인다.

끓어오르면 양파와 마늘을 넣는다.

콩이 퍼질 정도로 끓여지면 불을 끄고 한 김 식힌다.

강낭콩과 밀가루를 넣는다.

뭉치지 않게 고루 섞으며 볶는다.

믹서에 간다.

우유, 소금, 후추를 넣어서 간을 하고 한소끔 끓인다.

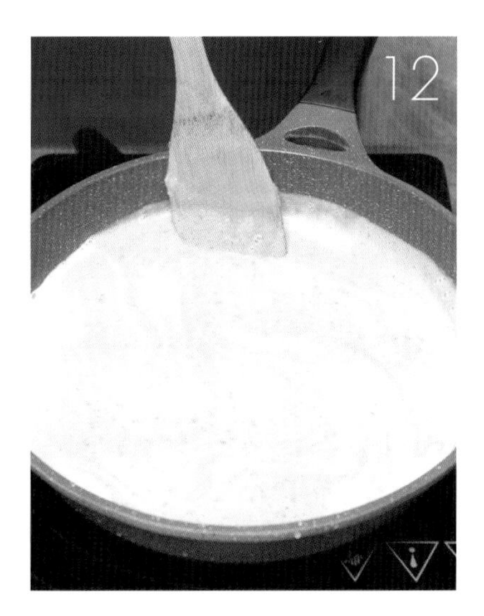

몸과 마음을 녹이는 달달함

# 단팥죽

팥 1컵

녹말가루 3큰술
물 10컵
찹쌀떡 4조각
밤 2톨
견과류 2큰술
(호박씨, 호두, 해바라기씨)

설탕 2큰술
올리고당 3큰술
소금 1작은술

**01** 팥은 일어서 돌을 제거한 다음 씻어서 냄비에 넣고 한소끔 끓인 뒤 물을 버린다.

**02** 밤은 껍질을 벗긴 다음 사방 1cm 크기로 썰어 두고, 견과류는 기름을 두르지 않은 팬에 볶아서 식힌다. 떡은 한입 크기로 썬다.

**03** 냄비에 **01**의 팥과 물 10컵을 넣고 팥이 푹 퍼지도록 30분간 끓인다.

**04** 끓인 팥과 물을 믹서에 넣고 곱게 간다. 녹말가루는 물과 1:1의 비율로 섞어 준비한다.

**05** **03**의 갈아둔 팥에 밤을 넣고 끓이다가 소금, 설탕, 올리고당을 넣어서 간을 한다.

**06** **05**의 밤이 다 익었으면 **03**의 물녹말을 세 번에 나누어 넣으면서 농도를 맞춘다.

**07** 그릇에 견과류는 담고 단팥죽을 넣은 다음 떡을 얹어서 낸다.

**+TIP**

+ 찹쌀떡 대신 새알심을 넣어도 되고, 먹다 남은 인절미를 사용해도 좋다.
+ 팥을 끓이면 하얗게 거품이 뜨게 되는데 이것은 사포닌 성분이다. 사포닌은 각종 성인병과 암 예방에 좋다고 알려져 있지만, 너무 많이 먹거나 장이 약한 사람이 먹으면 설사를 할 수도 있다. 그러므로 거품은 한 번만 살짝 걷어내는 것이 좋다.

### 단팥죽 만드는 법

팥은 한번 끓여 체에 밭친다.

밤은 사방 1cm 크기로 썬다.

떡은 한입 크기로 썬다.

곱게 간다.

곱게 간 팥물은 체에 내린다.

팥이 푹 퍼지도록 다시 끓인다.

6

끓인 팥과 물을 믹서에 넣는다.

체에 내린 팥물에 밤을 넣는다.

소금, 설탕, 올리고당을 넣어 간한다.

밤이 다 익으면 물녹말로 농도를 맞춘다.

아침이나 해장용으로도 딱!

# 녹두죽

녹두 1컵

쌀 1컵
물 8컵

01 녹두는 깨끗하게 씻어서 돌, 흙 등을 고른 다음 2시간 정도 불린다.

02 01의 녹두 겉껍질을 비비고 여러 번 헹궈서 제거한 다음 체에 밭쳐 물기를 제거한다.

03 쌀도 깨끗하게 씻어서 체에 밭친 다음 물 2컵에 1시간 정도 불린다.

04 03의 쌀과 나머지 물 6컵을 넣고 끓인다.

05 04의 쌀이 반 정도 익었으면 02의 녹두를 넣고 쌀알과 녹두가 잘 퍼지도록 끓인다.

06 05의 죽이 충분히 농도가 나면 그릇에 담고 소금을 곁들여 낸다.

**+TIP**

+ 좀 더 부드러운 죽을 원한다면 믹서에 살짝 갈아서 끓여주면 된다.

녹두는 깨끗이 씻어 물에 불린다.

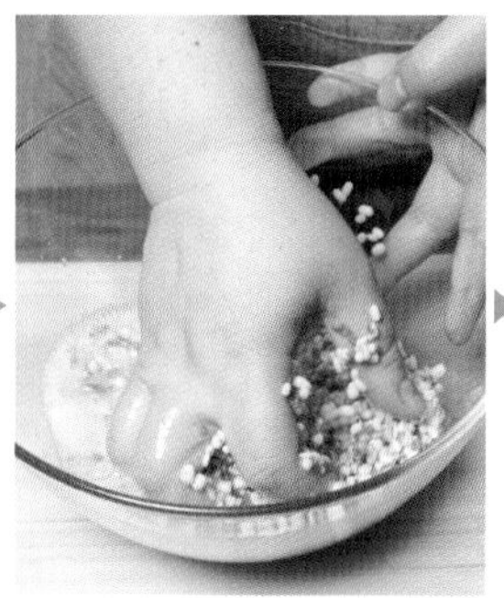
불린 녹두는 몇차례 비비고 헹궈 겉껍질을 제거한다.

겉껍질을 제거한 녹두는 체에 거른다.

불린 쌀을 끓이다 반쯤 익으면 준비한 녹두를 섞어 더 끓인다.

수제치즈를 넣어 더욱 건강하게

# 울타리콩페타치즈샐러드

울타리콩 1/2컵

어린잎채소 2컵

**우유페타치즈**

우유 500㎖
식초 3큰술
소금 1/2작은술

소금 1/5작은술
후추 약간
포도씨유 1/2큰술

**드레싱**

요거트 100g
사과 1/4개
레몬즙 1큰술
꿀 1큰술
후추 약간
소금 1/3작은술

01 울타리콩은 찬물에 4시간 정도 부드럽게 불린 다음 냄비에 물을 넉넉히 넣고 푹 삶는다.

02 01의 울타리콩이 다 익었으면 소금, 후추, 포도씨유를 넣어서 잘 섞는다.

03 냄비에 우유를 넣고 끓기 직전 불을 약하게 한 다음 식초를 조금씩 부으면서 우유를 응고시킨다.

04 02의 우유가 물과 분리되면 소금을 넣고 섞은 다음 면보에 걸러서 물기를 제거하여 페타치즈를 만든다.

05 어린잎채소는 씻어서 찬물에 담갔다가 물기를 제거한다.

06 사과는 껍질을 벗겨서 잘게 다진 다음 나머지 재료와 잘 섞는다.

07 그릇에 울타리콩, 어린잎채소, 04의 페타치즈를 담고 드레싱은 먹기 직전에 끼얹는다.

**+TIP**

+ 페타치즈는 그리스 반도 및 주변 나라에서 만들어진다. 소금물에 담가 두기 때문에 '절인 치즈'라고도 불린다.
+ 페타치즈를 만들 때 바질이나 기호에 맞는 허브를 소량 넣어주면 풍미가 더욱 좋다.

## 울타리콩페타치즈샐러드 만드는 법

잘 불린 울타리콩은 삶는다.

소금, 후추, 포도씨유를 넣어서 잘 섞는다.

냄비에 우유를 넣고 데우다가 끓기 직전에 불을 줄이고 식초를 조금씩 부으면서 응고시킨다.

어린잎채소는 찬물에 담가뒀다가 물기를 제거한다.

사과는 채 썰고 다시 잘게 다진다.

우유와 물이 분리되면서 알갱이가 생기기 시작하면 소금으로 간한다.

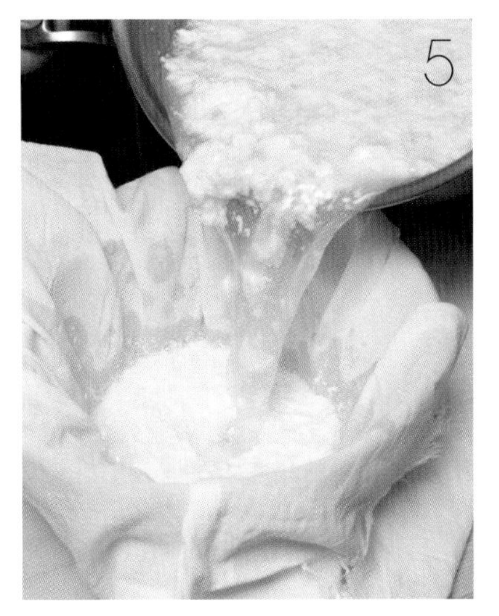


6

면보에 거르고 꼭 짜서 물기를 제거하여 페타치즈를 만든다.

잘게 썬 사과에 레몬즙과 요거트, 후추 등 드레싱 재료를 만들어 먹기 직전에 끼얹는다.

바다와 육지의 건강함이 가득

# 모둠콩새우샐러드

모둠콩 1컵
(녹두, 작두콩, 강낭콩,
울타리콩)

새우 12마리
양상추 잎 4장
어린잎채소 1컵
소금 적당량

드레싱
발사믹 식초 1큰술
간장 1큰술
레몬 1/2개
설탕 1+1/2큰술
후추 약간
소금 1/6작은술
포도씨유 1큰술

01 모둠콩은 물에 헹군 다음 4시간 동안 물에 불린다.

02 불린 콩은 냄비에 물, 소금을 넣고 속까지 푹 익도록 삶아서 체에 걸러 식힌다.

03 새우는 두 번째 마디에서 내장을 제거한 다음 머리와 껍질을 벗긴다.

04 팬에 기름을 두른 다음 03의 새우를 앞뒤로 노릇하게 굽는다.

05 양상추와 어린잎채소는 각각 씻어서 찬물에 담갔다가 물기를 제거한다. 양상추는 먹기 좋은 크기로 뜯는다.

06 레몬은 소금으로 문질러 씻어서 노란 껍질을 벗겨 곱게 채를 썰고, 나머지는 즙을 낸다.

07 06의 레몬 껍질 채와 레몬즙, 나머지 재료를 넣어서 잘 섞어 샐러드 드레싱을 만든다.

08 접시에 새우와 콩을 잘 섞어서 담은 다음 07의 드레싱을 뿌린다.

+TIP

+ 새우를 손질하는 것이 번거롭다면 칵테일 새우를 사용해도 된다.

## 모둠콩새우샐러드 만드는 법

모둠콩은 물에 불린다.

불린 모둠콩은 소금물에 삶은 다음 체에 걸러 식힌다.

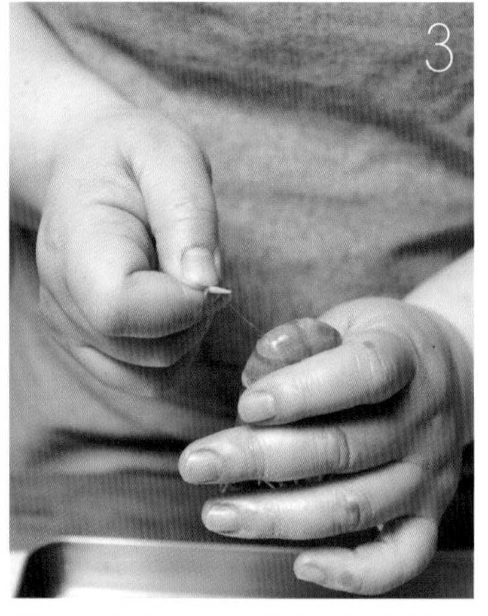


새우는 등을 잡고 두 번째 마디를 벌려 내장을 끄집어내 제거하고 머리와 껍질을 벗긴다.

레몬은 소금으로 문질러 씻는다.

껍질은 잘게 채 썰고, 속은 즙을 낸다.

다음은 새우는 노릇하게 굽는다.

어린잎채소와 양상추는 씻어서 찬물에 담가두었다가 건져내어 물기를 제거한다.

발사믹 식초, 채 썬 레몬 껍질, 레몬을 함께 섞어 드레싱 재료를 만든다.

그릇에 모둠콩과 새우를 담고 드레싱을 뿌려 완성한다.

병아리콩오이무침

낫토마무침

고소한 콩과 상큼한 오이의 만남

# 병아리콩오이무침

병아리콩 1/3컵

오이 1개
굵은소금 적당량
(오이 세척용)

소금 적당량
참기름 1작은술
깨소금 1/2큰술
실고추 약간

01 병아리콩은 찬물에 4시간 정도 부드럽게 불린다.

02 불린 병아리콩은 냄비에 물을 넉넉히 넣고 푹 삶는다.

03 오이는 굵은소금에 굴려 깨끗하게 씻은 다음 물기를 제거한다.

04 **03**의 오이는 길이로 반 자른 다음 어슷하게 썰고 소금 1/2 작은술에 15분 정도 절인다.

05 **04**의 오이는 씻어서 물기를 꾹 짠다. 실고추는 1cm 길이로 썰어 둔다.

06 **02**의 병아리콩에 소금으로 간을 한 다음 **05**의 오이, 실고추 그리고 참기름, 깨소금을 넣고 버무린 다음 그릇에 담는다.

**+TIP**

+ 불린 병아리콩은 다른 콩보다 무르기 때문에 삶는 시간이 다른 콩보다 짧다.

## 병아리콩오이무침 만드는 법

불려서 푹 삶은 병아리콩은 건져 놓는다.

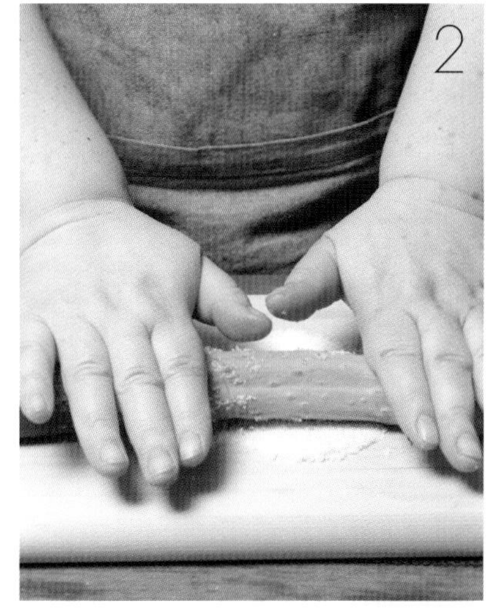


굵은소금을 도마에 깔아놓고 오이를 굴려 문지른다.

씻은 오이는 길게 반으로 갈라 어슷썰기 해서 절인 다음 물기는 꼭 짠다.

실고추는 1cm 정도의 길이로 썬다.

병아리콩, 오이, 실고추 등을 섞고 소금과 참기름으로 양념하여 무친다.

깨소금으로 마무리한다.

담백한 무침에 칼칼한 김치가 포인트

# 낫토마무침

낫토 40g

마 1개(200g)
김 1/2장
김치 잎 2장
쪽파 2대

01 마는 깨끗하게 씻은 다음 1회용 장갑을 끼고 껍질을 벗겨서 준비한다.
02 마는 강판에 곱게 갈아서 낫토와 잘 섞는다.
03 김치는 소를 털어낸 다음 송송 썰어서 준비한다.
04 쪽파는 0.5cm 두께로 썰어둔다.
05 김은 기름 없이 달군 팬에 앞뒤로 바삭하게 구운 다음 곱게 채 썬다.
06 그릇에 **02**를 담고 김치, 쪽파, 김을 얹어서 낸다.

**+TIP**

+ 마의 껍질을 벗기면 끈적끈적한 액이 묻어나온다. 피부가 민감한 사람의 경우 이 액 때문에 가려울 수도 있으므로 마를 손질할 때에는 꼭 1회용 장갑이나 고무장갑을 끼고 다듬는 것이 좋다.

## 낫토마무침 만드는 법

마는 깨끗이 씻어 껍질 벗기고 강판에 간다.

1을 낫토와 섞는다.

김치는 소를 털어낸 다음 송송 썰고, 쪽파는 0.5cm 두께로 썬다.

김은 기름 없이 굽는다.

구운 김을 잘게 채 썬다.

그릇에 낫토와 마 반죽을 담고 쪽파와 김치, 김을 고명으로 올린다.

머랭을 넣은 부드러운 전

# 완두콩전

껍질완두콩 200g

달걀 1개
밀가루 3큰술
양파 1/3개
홍고추 1개
식용유 적당량

소금 약간

01 완두콩은 껍질에서 분리한 다음 씻어서 물기를 제거한다.

02 달걀노른자와 완두콩을 넣어서 믹서에 곱게 간다.

03 달걀흰자는 머랭을 쳐서 준비하고, 양파는 잘게 썰어둔다. 홍고추는 어슷하게 썬다.

04 **02**를 **03**의 머랭과 소금, 밀가루를 잘 섞어 반죽을 만든다.

05 달군 팬에 기름을 넣고 **04**를 한 수저씩 떠서 홍고추를 올린 다음 앞뒤로 타지 않도록 노릇하게 부친다.

**+TIP**

+ 머랭(meringue)은 거품 만드는 기계를 사용하거나 거품기로 직접 만들 수도 있는데, 기계 없이 직접 만들 경우 거품기로 손목의 스냅을 이용해서 한쪽 방향으로만 계속 쳐야 한다.
+ 흰자를 차갑게 만든 뒤 머랭을 치거나 아이스팩이나 얼음을 볼 밑에 깔고 저어주면 좀 더 쉽게 만들 수 있다.

## 완두콩전 만드는 법

완두콩은 껍질을 까고 씻는다.

달걀은 노른자와 흰자를 분리시킨다.

완두콩과 달걀노른자를 믹서에 넣는다.

반죽에 넣을 양파는 곱게 다진다.

9

장식으로 올릴 홍고추는 둥근 단면을 살려 썬다.

곱게 간다.

달걀흰자는 머랭을 친다.

머랭에 소금과 밀가루, 믹서에 간 완두콩을 섞는다.

8의 양파를 반죽에 넣고 고루 섞는다.

팬에 완두콩 반죽을 한 숟가락씩 떠 넣고, 홍고추를 고명으로 얹어 노릇하게 부친다.

갖은 채소를 섞은 푸짐한 한입

# 녹두미니빈대떡

녹두 1컵

쌀 2큰술
달걀 1개
김치 잎 3장
숙주 60g
불린 고사리 50g
쪽파 5대
다진 돼지고기 100g
식용유 적당량
소금 약간

**밑간 양념**
간장 1/2작은술
참기름 1/2작은술
후추 약간

**01** 녹두와 쌀은 물에 4시간 정도 불린 다음 씻어서 껍질을 제거한다.

**02** 불린 녹두와 쌀에 달걀을 넣고 믹서에 곱게 간다.

**03** 숙주는 씻어서 물에 담갔다가 끓는 물에 데친 다음 물기를 짜고 잘게 썬다.

**04** 불린 고사리는 물에 헹군 다음 2cm 길이로 썰고, 쪽파도 같은 길이로 썬다.

**05** 다진 돼지고기는 간장, 참기름, 후추를 넣어서 밑간한다.

**06** 김치는 소를 털어낸 다음 물기를 제거하고 잘게 썬다.

**07** **05**에 준비한 돼지고기, 김치, 채소, 소금을 넣어서 잘 섞는다.

**08** 달군 팬에 기름을 두르고 **07**의 반죽을 한 수저씩 떠서 앞뒤로 노릇하게 부친다.

**+TIP**

+ 녹두 대신 콩비지를 활용하면 좀 더 담백하게 즐길 수 있다.
+ 반죽에 부추나 깻잎을 함께 넣으면 풍미가 한층 더 살아난다.

## 녹두미니빈대떡 만드는 법

녹두와 쌀은 물에 불린 다음 씻어서 껍질을 제거한다.

믹서에 불린 녹두와 쌀, 달걀을 넣는다.

불린 고사리와 쪽파는 2cm 길이로 썬다.

김치는 소를 털어낸 다음 물기를 제거하고 잘게 썬다.

곱게 간다.

숙주는 끓는 물에 데친다.

데친 숙주는 물기를 짜고 잘게 썬다.

간 녹두에 밑간한 돼지고기와 김치, 쪽파와 고사리를 섞어 소금으로 살짝 간한 뒤 반죽을 만든다.

노릇하게 부친다.

검은콩자반
땅콩조림

빠지면 서운한 1등 밑반찬

# **검은콩**자반과 **땅콩**조림

## 검은콩자반

검은콩(서리태) 70g

통깨 1큰술
물 3컵

조림장
간장 2큰술
설탕 1/2큰술
올리고당 3큰술

01 검은콩을 씻어 물 3컵에 4시간 정도 담가둔다.
02 01을 담고 간장, 설탕을 넣어 끓인다.
03 국물이 거의 없어지면 올리고당을 넣어 한소끔 더 졸인다.
04 불을 끄고 통깨를 뿌린다.

## 땅콩조림

생땅콩 200g

검은깨 1큰술
물 3컵

조림장
간장 3큰술
설탕 1/2큰술
올리고당 3큰술

01 땅콩을 씻어 물에 헹군 다음 한번 끓여서 헹군다.
02 땅콩을 냄비에 담고 간장, 물 3컵, 설탕을 넣어 끓인다.
03 국물이 거의 없어지면 올리고당을 넣어 한소끔 더 졸인다.
04 불을 끄고 검은깨를 뿌린다.

불린 검은콩에 간장, 설탕, 물을 부어 끓인다.

거의 졸여지면 올리고당을 넣고 한 번 더 졸인다.

끓인 생땅콩에 간장, 설탕, 물을 넣고 다시 끓인다.

국물이 거의 없어지면 올리고당을 넣고 한 번 더 졸인다.

칼칼하게 즐기는 영양 반찬

# 호랑이콩새우조림

호랑이콩 1컵

새우 8마리
양파 1/2개
청양고추 2개

물 3컵
간장 3큰술
올리고당 2큰술
후추 약간

01 호랑이콩은 껍질을 벗긴 다음 씻고 물기를 제거한다.

02 새우는 껍질을 벗긴 다음 등 쪽에 칼집을 내어 내장을 제거한 다음 칼 면으로 납작하게 친다.

03 양파는 굵게 채를 썰고, 청양고추는 송송 썬다.

04 냄비에 01의 호랑이콩과 물, 간장을 넣어서 끓인다.

05 04의 콩이 어느 정도 익었을 때 새우를 넣고 끓인다.

06 05의 국물이 거의 없어지면 양파, 올리고당, 후추를 넣고 졸인다.

07 06의 콩이 다 익었으면 청양고추를 넣고 불을 끈 다음 잘 섞어서 그릇에 담는다.

+TIP

+ 호랑이콩의 정식 이름은 '호랑이강낭콩'이다. 이름대로 강낭콩의 일종이며 보라색 무늬가 호랑이 무늬와 비슷하다고 해서 '호랑이콩'이라고 불린다.

## 호랑이콩새우조림 만드는 법

새우 등에 길게 칼집을 낸다.

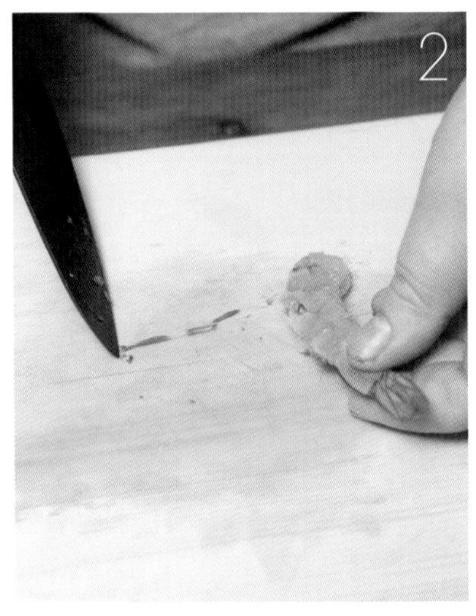


내장을 제거한다.

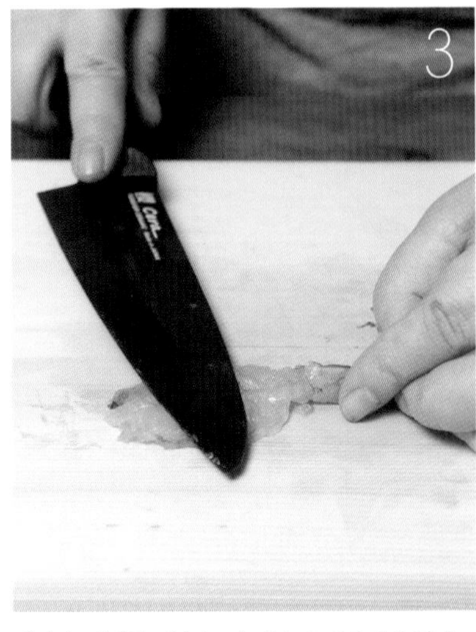


내장을 제거한 새우는 칼 면으로 납작하게 친다.

간장도 같이 넣어 끓인다.

콩이 어느 정도 익으면 새우를 넣는다.

양파는 가로로 반을 가른 다음 1cm 두께로 채 썬다.

청양고추는 송송 썬다.

손질한 호랑이콩을 팬에 넣고 물을 붓는다.

국물이 자작해지면 양파, 올리고당, 후추를 넣고 졸인다.

마지막에 청양고추를 넣는다.

담백함이 더해진 국민 반찬

# 완두콩잔멸치조림

생완두콩 1컵

잔멸치 1/2컵
홍고추 1개
식용유 1큰술
물 1컵

간장 1/2큰술
올리고당 2큰술
후추 약간

01 생완두콩은 껍질을 벗긴 다음 씻어서 물기를 제거한다.

02 잔멸치는 달군 팬에 기름을 두르고 볶은 다음 식힌다.

03 홍고추는 얇게 썰어서 준비한다.

04 01의 완두콩은 물을 넣고 끓이다 간장을 넣고 더 끓인다.

05 04의 국물이 거의 없어지면 02의 볶은 잔멸치와 올리고당, 후추를 넣고 볶는다.

**+TIP**

+ 잔멸치는 조리하기 전에 팬에 살짝 볶거나 전자레인지에 10초 정도 돌리면 잡내를 없애고 더욱 바삭한 식감을 살릴 수 있다.

잔멸치는 기름으로 볶는다.

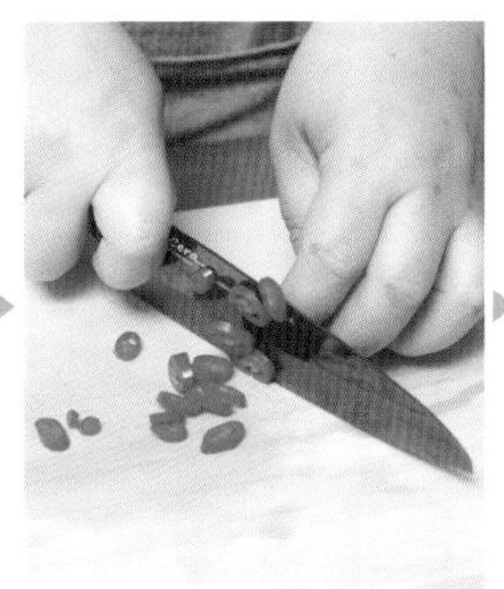

홍고추는 얇게 썬다.

생완두콩은 씻어서 팬에 물을 넣고 끓인 후 간장을 넣는다.

국물이 거의 없어지면 볶은 잔멸치를 섞고 올리고당으로 단맛을 내어 더 볶는다.

흰 밥 한 술에 한 젓가락이면 끝

# 줄기콩오징어볶음

줄기콩 6줄기

오징어 1마리
양파 ½개
대파 ¼대
홍피망 ½개

참기름 ½큰술
깨소금 1큰술

**볶음 양념**

고추장 2큰술
고춧가루 1큰술
설탕 1큰술
올리고당 2큰술
후추 약간
다진 마늘 ½큰술

01 줄기콩은 씻어서 4cm 길이로 썬다.

02 홍피망은 씨를 제거한 다음 0.3cm 두께로 채 썬다.

03 양파는 굵게 채 썰고, 대파는 어슷썰기 한다.

04 오징어는 껍질을 벗긴 다음 헹궈서 물기를 제거한 후 배 쪽에 사방 0.3cm 간격으로 칼집을 넣는다.

05 **04**의 오징어는 2×4cm 크기로 썬다.

06 볶음 양념을 만든다.

07 오징어에 **06**의 양념을 ½ 정도 넣어서 섞은 다음 달군 팬에 기름을 두르고 볶는다.

08 어느 정도 익었으면 한쪽에 채소와 나머지 양념을 섞어 볶는다.

09 다 익었으면 불을 끄고 참기름, 깨소금을 넣어 마무리한다.

**+TIP**

+ 오징어 껍질을 제거하지 않고 요리할 수도 있지만 깔끔한 식감을 원한다면 껍질을 손질하는 것이 좋다.

## 줄기콩오징어볶음 만드는 법

줄기콩은 4cm 길이로 썬다.

홍피망은 씨를 제거하고 0.3cm 두께로 채 썬다.

양파는 굵게 채 썬다.

다듬은 오징어는 적당한 크기로 썬다.

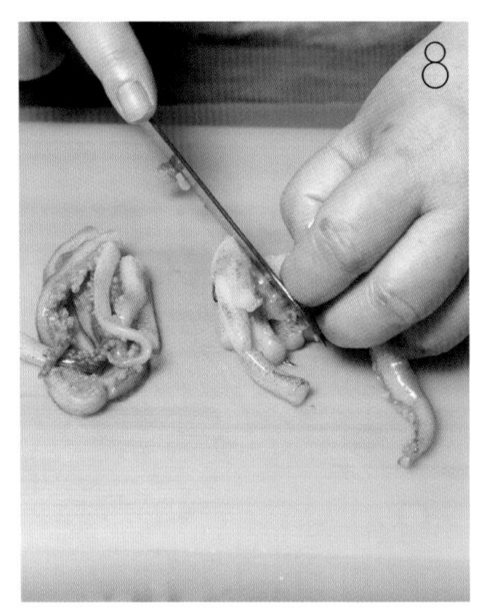


오징어 다리도 적당한 크기로 썬다.

볶음 양념을 만들어 반 정도 넣고 오징어를 버무려 준다.

대파는 어슷썰기 한다.

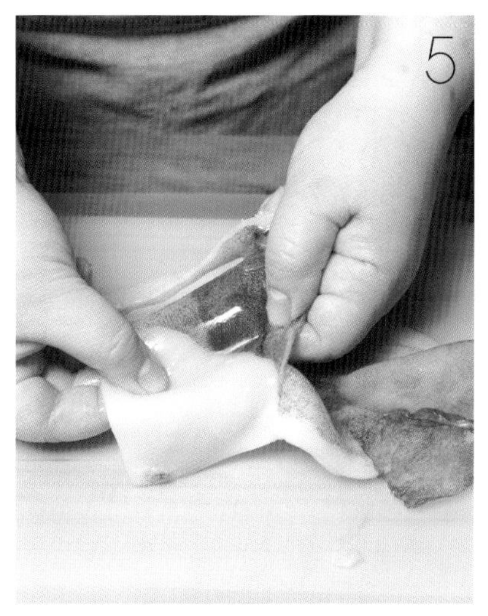


오징어는 껍질을 벗긴다.

배 쪽에 사방 0.3cm 간격으로 칼집을 낸다.

팬에서 버무린 오징어를 볶는다.

오징어가 어느 정도 익으면 채소와 나머지 양념을 섞어 마저 볶는다.

강낭콩베이컨볶음

콩탕

구수하고 짭짤함이 조화로운

# 강낭콩베이컨볶음

강낭콩 1/2컵

베이컨 4개
청·홍피망 1/2개씩
식용유 1/2큰술

소금 약간
후추 약간

01 강낭콩은 찬물에 4시간 정도 부드럽게 불린다.

02 불린 강낭콩은 냄비에 물을 넉넉히 넣고 푹 삶는다.

03 베이컨은 2cm 길이로 썬 다음 끓는 물에 데친다.

04 피망은 씨를 제거한 다음 베이컨과 같은 크기로 썬다.

05 달군 팬에 기름을 두른 다음 강낭콩, 소금을 넣어서 볶는다.

06 05의 강낭콩에 베이컨과 피망을 넣고 볶은 다음 후추를 넣어서 한 번 더 볶아 그릇에 담는다.

**+TIP**

+ 베이컨을 살짝 데치면 기름기를 일일이 키친타월로 닦아내며 조리할 필요가 없어 깔끔하게 조리할 수 있다.
+ 볶음 요리를 할 때 각 재료의 크기가 비슷하면 볶기에도 편하고 보기에도 좋다.

### 강낭콩베이컨볶음 만드는 법

강낭콩은 물에 불린 후 삶는다.

베이컨은 2cm 길이로 썬다.

썰어놓은 베이컨은 끓는 물에 데친다.

청·홍 피망은 베이컨과 비슷한 크기로 썬다.

달군 팬에 기름을 두른 다음 강낭콩, 소금을 넣어서 볶는다.

볶아 놓은 강낭콩에 베이컨과 청·홍피망을 섞어 한 번 더 볶고 후추로 마무리한다.

속을 데워 주는 푸근한 국물

# 콩탕

콩 1/2컵

다시마(사방 5cm) 3조각
멸치 15마리
말린 청양고추 1개
맛술 1큰술
물 5컵

**양념장**
대파 1/4대
고춧가루 1큰술
간장 2큰술
다진 마늘 1/2큰술

**01** 콩은 씻어서 잡티와 돌 등을 제거한 다음 물 2컵에 4시간 이상 불린다.

**02** 멸치는 내장과 머리를 제거한 다음 다시마, 마른 청양고추, 맛술을 넣고 거품이 날 정도로 가열한 다음 30분간 우린다.

**03** **01**의 콩은 믹서에 넣어서 곱게 간 다음 **02**의 국물과 같이 끓인다.

**04** 양념장을 만들어 둔다.

**05** **03**의 끓인 콩이 고소한 맛이 나면 양념장과 곁들여 낸다.

**+TIP**

+ 콩 국물을 끓일 때 잘게 썬 배추나 시래기를 넣어도 맛있다.
+ 기호에 따라 된장이나 고춧가루를 넣어 끓여도 좋다.

## 콩탕 만드는 법

다시마, 멸치, 마른 청양고추, 맛술을 섞어 끓여 멸치 국물을 만든다.

불린 콩을 믹서에 간다.

멸치 국물과 간 콩을 섞어 끓인다.

대파는 얇게 썬다.

썰어둔 대파와 고춧가루, 간장, 다진 마늘을 섞어 양념장을 만든다.

콩나물이 들어가서 더 개운한

# 백태비지찌개

백태 $^{1}/_{2}$컵

돼지고기(앞다리살) 200g
콩나물 150g
대파 $^{1}/_{4}$대
청·홍고추 1개씩
물 1컵

**찌개 양념**
다진 마늘 $^{1}/_{2}$큰술
간장 1+$^{1}/_{2}$큰술
고춧가루 1큰술
굵은소금 $^{1}/_{4}$작은술
후추 약간

**밑간 양념**
맛술 1작은술
후추 약간
참기름 $^{1}/_{4}$작은술

01 콩은 씻어서 잡티와 돌 등을 제거한 후 물 2컵에 4시간 이상 불린다.
02 불린 콩은 냄비에 넣고 10분 정도 끓인 다음 한 김 식힌 후 믹서에 곱게 간다.
03 콩나물은 씻은 다음 찬물에 5분간 담가 둔다. 고추는 어슷하게 썬다.
04 돼지고기는 3cm 두께로 썰어 밑간한 다음 냄비에 넣고 볶다가 물을 넣고 끓인다.
05 돼지고기가 어느 정도 익으면 간장으로 간을 맞춘 다음 콩나물과 찌개 양념을 넣고 끓인다.
06 **05**의 고기가 다 익었으면 **02**의 콩비지를 넣고 더 끓인다.
07 **06**의 비지가 끓기 시작하면 대파, 고추를 넣고 한 번 더 끓인 후 불을 끈다.

불려서 끓인 콩을 믹서에 간다.

돼지고기는 3cm 두께로 썬다.

돼지고기는 밑간하여 볶다가 물을 부어 끓인다.

고기가 충분히 익었으면 콩나물과 콩비지를 넣고 끓인다.

아삭한 식감이 갈비와 잘 어울리는

# 줄기콩돼지갈비찜

줄기콩 6줄기

돼지갈비 400g
당근 1/3개
양파 1/2개
말린 청양고추 2개
대파 1/5대
청주 2큰술
물 8컵

**찜 양념**
간장 5큰술
설탕 2큰술
올리고당 3큰술
생강즙 1큰술
다진 마늘 1큰술
후추 약간

**01** 돼지고기는 1cm 간격으로 칼집을 낸 다음 찬물에 30분간 담가 둔다.

**02** 끓는 물에 **01**의 돼지갈비를 넣고 데쳐서 건져 둔다.

**03** 당근은 사방 4cm 크기로 썰어서 모서리를 제거하고, 양파도 사방 4cm 크기로 썬다.

**04** 줄기콩은 씻어서 4cm 길이로 썬다.

**05** 냄비에 물을 붓고 말린 청양고추, 대파, 청주를 넣어 끓으면 데친 돼지갈비를 넣고 삶는다.

**06** 찜 양념을 만든다.

**07** **03**의 국물이 반으로 줄어들면 대파를 건져낸 다음 찜 양념을 넣고 다시 끓인다.

**08** 국물이 자작해지면 당근, 양파와 줄기콩을 넣고 한소끔 끓인 다음 불을 끄고 그릇에 담아서 낸다.

**+TIP**

+ 당근의 모서리를 잘라내면 오랜 시간 볶거나 끓이더라도 제 모양을 잃지 않는다.

## 줄기콩돼지갈비찜 만드는 법

돼지갈비는 적당한 크기로 썰고 1cm 간격으로 칼집을 낸다.

칼집을 넣은 돼지고기는 찬물에서 핏물을 뺀다.

핏물을 뺀 돼지고기는 한번 데친다.

냄비에 물을 붓고 말린 청양고추, 대파, 청주를 넣어 끓인다.

한번 끓어오르면 데친 돼지갈비를 넣고 삶는다.

국물이 자작해지면 당근을 넣고 더 끓인다.

양파는 사방 4cm 크기로 썬다.

당근은 사방 4cm 크기로 썰고, 모서리 정리를 해 준다.

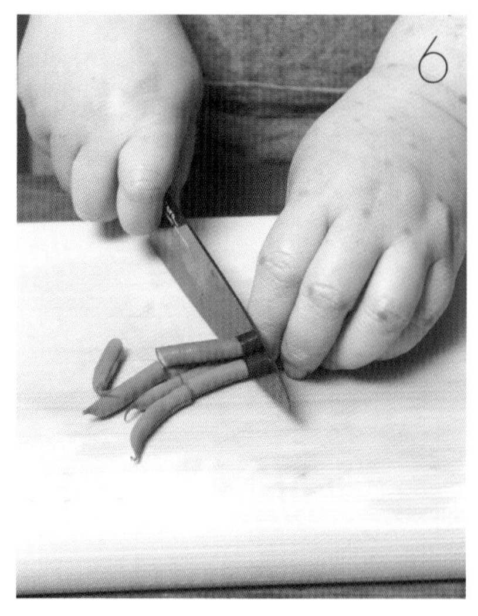


줄기콩은 4cm 길이로 썬다.

생강즙 등 양념 재료를 모두 섞어 찜 양념을 만든다.

국물에서 대파를 건져내고 찜 양념을 부어 다시 끓인다.

양파와 줄기콩을 넣고 한소끔 끓인다.

두유알찜

줄기콩조개찜

더 고소하고 부드러운 맛

# 두유알찜

두유 1컵

달걀 3개
밤 1개
말린 표고버섯 1개
쪽파 1대

소금 1/3작은술

01 달걀은 풀어서 알끈을 제거한 다음 두유와 섞는다.

02 **01**에 소금을 넣고 잘 섞는다.

03 **02**를 체에 걸러서 준비한다.

04 표고버섯은 뜨거운 물에 불린 다음 부드러워지면 꼭지를 제거한다.

05 밤은 껍질을 벗긴 다음 사방 1cm 크기로 썰어두고, 표고버섯도 같은 크기로 썬다.

06 그릇에 밤과 버섯을 담은 뒤 **03**을 넣고 약불에서 15분간 찐다.

07 달걀찜을 꺼낸 다음 쪽파를 송송 썰어서 얹어 낸다.

**+TIP**

+ 두유알찜에 들어가는 달걀은 완벽하게 풀지 않으면 기포가 많이 생겨 푸딩 같은 식감을 얻기 어렵다. 달걀의 알끈을 제거하면 달걀 풀기가 수월해진다.

## 두유알찜 만드는 법

알끈을 제거하고 푼 달걀에 두유를 섞고 소금으로 간한다.

1을 체에 거른다.

표고버섯은 뜨거운 물에 불려 꼭지를 제거하고 사방 1cm 크기로 썬다.

밤도 표고버섯과 같은 크기로 썬다.

그릇에 밤과 표고버섯을 담은 뒤 2를 붓는다.

찜기에 담고 약불로 쪄낸 뒤 쪽파를 송송 썰어서 얹어 낸다.

매콤함이 맴도는 감칠맛이 일품

# 줄기콩조개찜

줄기콩 6줄기

모시조개 1봉
바지락 1봉
말린 청양고추 1개
마늘 2톨
생강 1/2쪽
대파 1/3대
물 1/2컵

고추기름 2큰술
소금 약간
후추 약간

**01** 모시조개와 바지락은 옅은 소금물에 해감한다.

**02** 줄기콩은 씻어서 물기를 제거한 다음 3cm 길이로 썬다.

**03** 말린 청양고추는 0.5cm 두께로 썰고 마늘, 생강은 편으로 썬다.

**04** 대파는 2cm 길이로 썬다.

**05** 달군 팬에 고추기름을 두르고 마늘, 생강, 대파를 볶다가 모시조개와 바지락을 넣고 같이 볶는다.

**06** **05**의 조개에 물과 껍질콩을 넣고 뚜껑을 덮어 익힌다.

**07** **06**의 조개가 익었으면 소금, 후추를 넣고 간을 맞춘 다음 그릇에 담는다.

**+TIP**

+ 냉동 줄기콩은 살짝 데친 뒤에 사용한다.
+ 조개를 해감할 때 그늘진 곳에 두거나 뚜껑을 덮어두면 조개껍데기가 잘 벌어진다.

## 줄기콩조개찜 만드는 법

모시조개와 바지락은 해감한다.

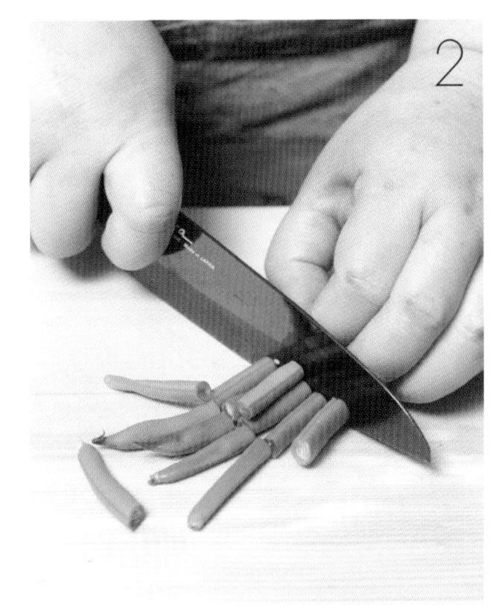


껍질콩은 3cm 길이로 썬다.

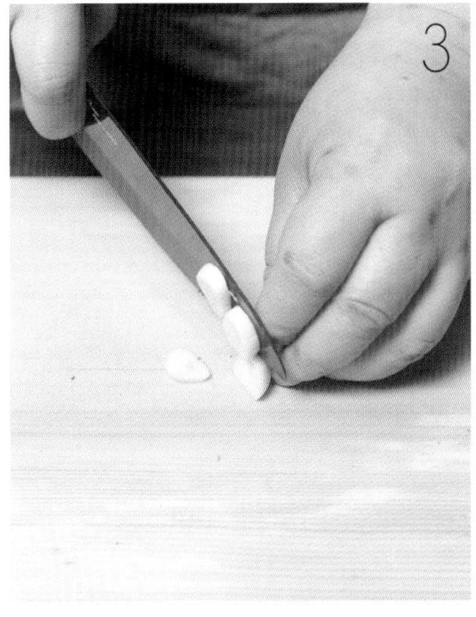


말린 청양고추, 마늘, 생강, 대파는 잘게 썬다.

고추기름으로 마늘, 생강, 대파, 말린 청양고추를 볶는다.

모시조개와 바지락도 같이 볶는다.

물을 붓고 껍질콩을 섞은 뒤 뚜껑을 덮고 익힌다. 소금, 후추로 간한다.

# 특별한 요리

색다른 것이 먹고 싶을 때나
모임이 있는 특별한 날에 만들기 좋은
콩으로 만든 이색적인 요리들과
입맛 돋우는 간식들을 소개합니다.

미네랄이 풍부해 다이어트 식으로 그만!

# 줄기콩라이스페이퍼말이

줄기콩 6줄기

라이스페이퍼 12장
냉동 모둠해물 1컵
파프리카 1/3개씩
(빨강, 노랑, 주황)
양파 1/2개
청주 1큰술
소금 약간

**딥소스**
땅콩소스
태국식 핫소스 적당량

01 줄기콩은 씻은 다음 끓는 소금물에 살짝 데친 후 찬물에 담갔다가 물기를 제거하고 반으로 썬다.

02 양파는 곱게 채를 썰고, 파프리카도 씨를 제거한 다음 곱게 채를 썬다.

03 모둠해물은 끓는 물에 소금과 청주를 넣고 데친 다음 식힌다.

04 뜨거운 물에 라이스페이퍼를 담갔다 빼서 접시에 담고 준비한 재료를 얹은 다음 말아서 딥소스와 같이 낸다.

**+TIP**

+ 불린 라이스페이퍼는 잘 찢어지니 조심스럽게 다루어야 한다. 김발이 있다면 더 쉽게 말 수 있다.
+ 모둠해물 대신 닭가슴살이나 쇠고기 등 기호에 맞게 대체해도 괜찮다.

## 줄기콩라이스페이퍼말이 만드는 법

줄기콩은 끓는 소금물에 살짝 데친다.

데친 줄기콩은 찬물에 담갔다가 물기를 제거한다.

파프리카는 씨를 제거하고 채 썬다.

건져 식힌다.

라이스페이퍼를 뜨거운 물에 살짝 담갔다 꺼내 접시에 놓고 줄기콩과 채소 재료를 올린다.

한 번 말아 양쪽 귀퉁이를 안쪽으로 접어준다.

양파는 얇게 채 썬다.

모둠해물은 끓는 물에 데친다.

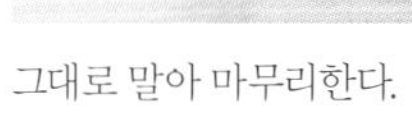

그대로 말아 마무리한다.

콩이 들어가 특별해진 오믈렛

# 모둠콩프리타타

모둠콩 $^{1}/_{4}$컵
렌틸콩 $^{1}/_{4}$컵
생완두콩 $^{1}/_{4}$컵

달걀 4개
양파 $^{1}/_{4}$개
파슬리 $^{1}/_{2}$큰술
물 3컵
포도씨유 1큰술
모차렐라치즈 $^{1}/_{2}$컵

소금 약간
후추 약간

01 렌틸콩은 씻어서 물에 20분간 불린 다음 체에 밭친다.

02 모둠콩은 씻어서 4시간 정도 물에 불린 다음 속까지 익도록 끓인다.

03 **02**의 콩에 **01**의 렌틸콩을 넣고 국물이 없어지도록 가열한다.

04 달걀은 곱게 풀고, 양파는 잘게 썰어서 준비한다. 파슬리도 잘게 다진다.

05 팬에 기름을 두르고 양파를 볶다가 삶은 콩을 넣고 같이 볶는다.

06 **05**에 소금, 후추로 간을 한 다음 **04**의 달걀물을 붓는다.

07 **06**의 재료를 약불에서 가열해서 어느 정도 달걀이 익었으면 모차렐라치즈, 다진 파슬리를 넣고 오븐에서 180℃로 20분간 굽는다.

**+TIP**

+ 이탈리아식 오믈렛인 프리타타는 달걀 푼 물에 채소, 육류, 치즈, 파스타 등을 넣어서 만든다.

## 모둠콩프리타타 만드는 법

불린 모둠콩과 렌틸콩을 삶는다.

양파는 잘게 썬다.

잘게 썬 양파는 기름에 볶는다.

볶던 모둠콩에 푼 달걀물을 붓는다.

모차렐라치즈를 올린다.

삶은 모둠콩을 넣는다.

생완두콩도 함께 볶는다.

달걀을 푼다.

파슬리는 잘게 다져 뿌린다.

오븐에 굽는다.

CASSEROLE

단백질 듬뿍, 브라질 보양식

# 모둠콩페이조아다

모둠콩 1/2컵

소고기 200g
생토마토 1개
홀토마토 1컵
아스파라거스 3줄기

소금 약간
후추 약간

**밑간 양념**

다진 마늘 1/2큰술
올리브유 2큰술
소금 약간
후추 약간

**01** 소고기는 사방 2cm 크기로 썬 다음 다진 마늘, 올리브유, 소금, 후추를 넣어서 10분간 재운다.

**02** 모둠콩은 씻어서 4시간 정도 물에 불린 다음 속까지 익도록 끓인다.

**03** 홀토마토는 가위 등으로 잘게 썰어서 준비하고, 생토마토는 사방 2cm 크기로 썬다.

**04** 아스파라거스는 3cm 길이로 썰어서 끓는 물에 데친 다음 차게 식힌다.

**05** 팬에 소고기를 볶다가 **02**의 삶은 모둠콩을 넣고 볶는다.

**06** **05**의 재료에 홀토마토와 물을 넣고 푹 끓인다.

**07** **06**의 고기가 다 익었으면 생토마토와 아스파라거스, 소금, 후추를 넣어서 간을 맞춘 다음 그릇에 담는다.

**+TIP**

+ 페이조아다는 브라질 대표 요리 중 하나로 원래 '페이조'라는 검은콩과 돼지의 여러 부속물을 함께 끓이는 음식이다.
+ 소고기 대신 돼지고기의 다양한 부위를 활용하거나 베이컨, 소시지 등을 추가해도 좋다.

## 모둠콩페이조아다 만드는 법

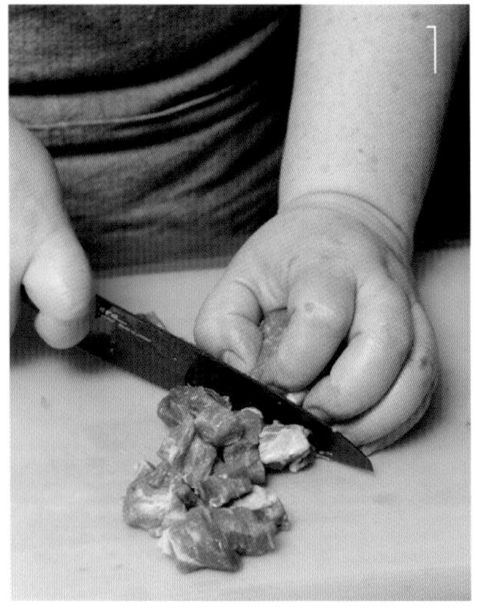

소고기는 사방 2cm 크기로 썰어 다진 마늘 등으로 밑간한다.

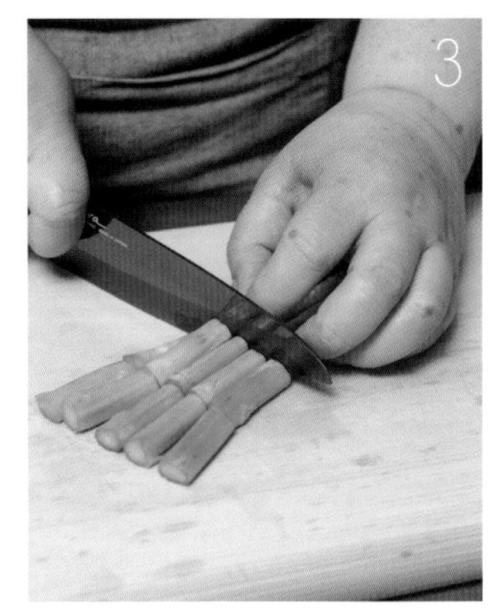


아스파라거스는 3cm 길이로 썬다.

홀토마토는 가위로 듬성듬성 자른다.

소고기와 모둠콩볶음에 홀토마토와 물을 넣고 끓인다.

3을 끓는 물에 데친 다음 차게 식힌다.

밑간한 소고기를 볶는다.

불린 모둠콩을 소고기와 같이 볶는다.

생토마토는 소고기와 비슷한 크기로 썬다.

생토마토를 넣는다.

고기가 다 익으면 살짝 데친 아스파라거스를 넣고 한 번 더 끓이면서 소금, 후추로 간한다

영양 가득 고단백 보양식

# 모둠콩소고기스튜

모둠콩 $^{1}/_{2}$컵

소고기 등심 200g
양파 $^{1}/_{2}$개
당근 $^{1}/_{2}$개
양송이버섯 4개
셀러리 $^{1}/_{2}$줄기
미니양배추 4개

토마토 페이스트 2큰술
우스터소스 1큰술
월계수 잎 2장
물 7컵
소금 약간
후추 약간

마리네이드 양념
다진 마늘 1작은술
올리브유 2큰술
소금 약간
후추 약간

01 모둠콩을 씻어 잡티와 돌 등을 제거한 다음 물 2컵과 같이 4시간 이상 불린다.

02 소고기는 사방 3cm 크기로 썰어서 마리네이드 양념으로 재운다.

03 양파와 당근은 사방 2cm 크기로 썰어두고, 양송이버섯은 껍질을 벗긴 다음 4등분 한다.

04 셀러리는 겉의 섬유질을 벗긴 다음 2cm 두께로 썰어 둔다.
미니양배추는 반으로 잘라 둔다.

05 팬에 토마토 페이스트를 볶다가 **02**의 재운 고기를 섞어 볶는다.

06 **05**에 양파와 당근, 셀러리를 넣고 볶다가 불린 콩을 넣고 같이 볶는다.

07 **06**에 물, 월계수 잎, 우스터소스를 넣고 끓인다.
국물이 자작해지면 미니양배추와 양송이버섯을 넣고 조금 더 끓인다.

08 **07**의 국물이 더 자작해지고 고기가 충분히 익으면 소금, 후추로 간을 한다.

**+TIP**

+ 원래 마리네이드란 조리 전 고기나 생선을 부드럽게 하기 위해 재울 때 쓰는 양념을 의미한다.
보통 올리브유에 향신료를 섞어 활용한다.

## 모둠콩소고기스튜 만드는 법

소고기는 사방 3cm 크기로 썰어 밑간한다.

양파와 당근은 사방 2cm 크기로 썬다.

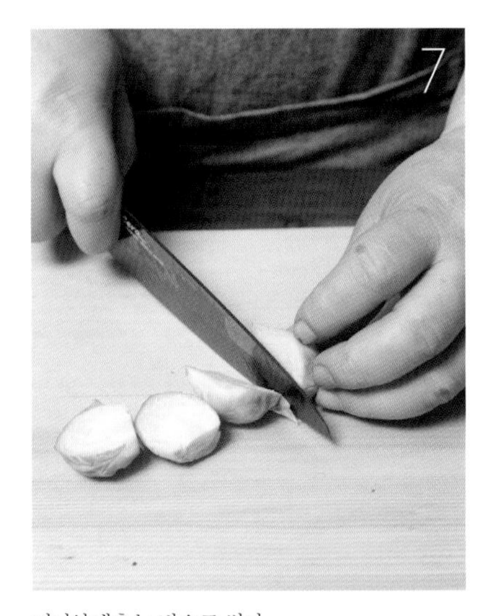


미니양배추는 반으로 썬다.

토마토 페이스트를 먼저 볶는다.

밑간한 소고기를 같이 볶는다.

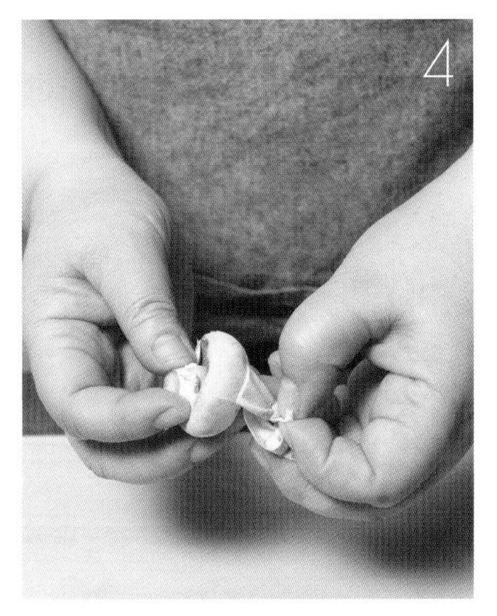


양송이버섯은 껍질을 벗기고 4등분 한다.

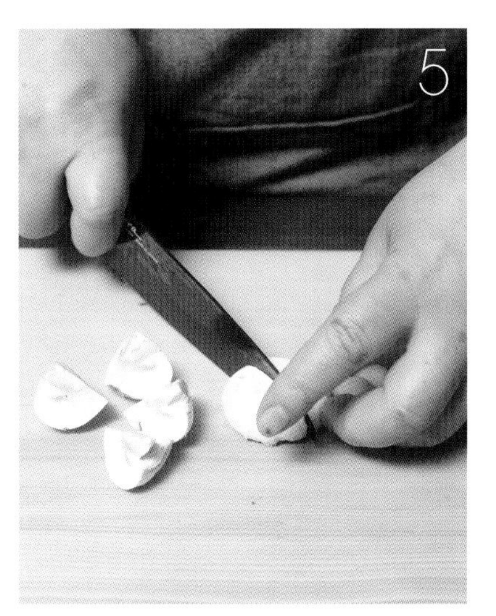


6

셀러리는 섬유질을 제거하고 2cm 두께로 썬다.

양파, 당근, 셀러리, 불린 콩을 섞어 볶는다.

물과 우스터소스를 섞고 월계수 잎을 넣어 끓인다.

국물이 자작해지면 미니양배추와 양송이버섯도 넣고 더 끓인다. 고기가 익으면 소금, 후추로 간한다.

자작한 국물, 풍미 깊은 짭조름함

# 병아리콩까슐레

병아리콩 1/4컵

베이컨 2장
단호박 1/5개
소시지 4개
올리브유 2큰술
물 2컵

토마토 페이스트 3큰술
마늘 2톨
양파 1/4개
후추 약간
소금 약간

**빵가루 토핑**

버터 1큰술
빵가루 3큰술
다진 파슬리 1큰술

**01** 병아리콩은 씻은 다음 물에 2시간 이상 충분히 불린다.

**02** 베이컨은 2cm 두께로 썰고, 양파는 잘게 썬다. 마늘은 편 썬다.

**03** 단호박은 씨를 제거한 다음 사방 3cm 크기로 썬다.

**04** 소시지는 칼집을 넣어서 큼직하게 썰어 둔다.

**05** **01**의 병아리콩과, 올리브유, 토마토 페이스트, 마늘, 양파를 넣어서 볶는다.

**06** **05**의 재료에 베이컨, 단호박, 소시지를 넣고 충분히 볶는다.

**07** **06**의 재료에 물 2컵을 넣고 끓이다가 소금, 후추로 간을 한다.

**08** 상온에 있던 버터와 빵가루, 다진 파슬리를 넣어서 잘 섞어 토핑을 만든다.

**09** **07**을 오븐 용기에 담고 **08**을 올려 오븐에서 180℃로 20분간 굽는다.

**+TIP**

+ 버터를 상온에 두면 부드러워져 소스 만들기 편하다.
+ 까슐레는 남프랑스 대표 요리로서 흰색 강낭콩 베이스에 돼지고기, 양고기, 오리고기 또는 닭고기가 들어간다. 이 레시피에서는 병아리콩을 사용해 약식으로 조리했다.

## 병아리콩까술레 만드는 법

베이컨은 2cm 두께로 썬다.

양파도 잘게 썬다.

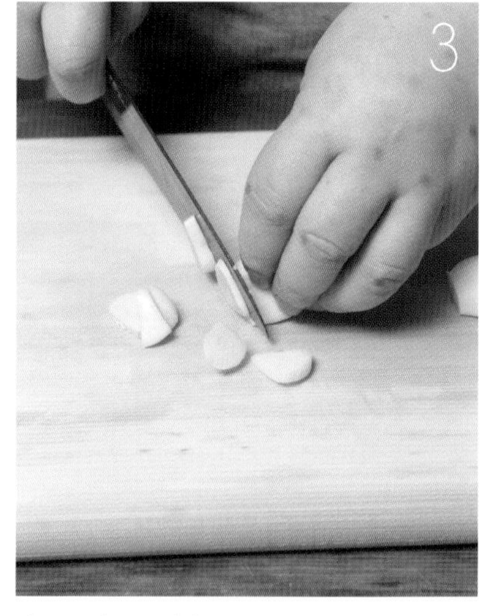

마늘은 편으로 썬다.

베이컨, 단호박, 소시지도 함께 충분히 볶는다.

물을 넣고 끓이다가 소금, 후추로 간을 한다.

파슬리는 잘게 다진다.

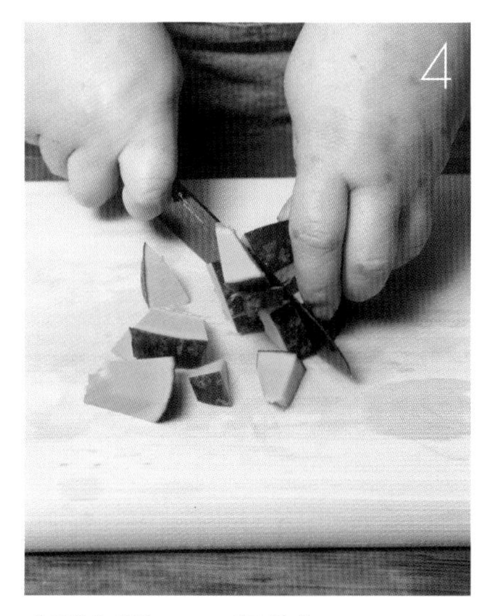


단호박은 사방 3cm 크기로 썬다.

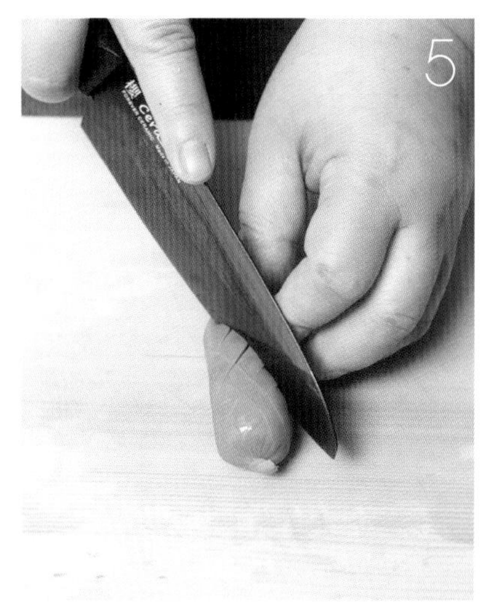


소시지는 칼집을 넣어 큼직하게 썬다.

병아리콩에 토마토 페이스트, 마늘, 양파를 섞어 볶는다.

버터와 빵가루, 다진 파슬리를 잘 섞어 빵가루 토핑을 만든다.

볶은 까슐레를 오븐 용기에 담고 토핑을 얹은 뒤 오븐에서 굽는다.

간단히 만드는 건강식

# 렌틸콩커리

렌틸콩 1컵

양파 1/2개
토마토 1개
버터 2큰술
커리가루 2큰술
생크림 1/2컵
다진 마늘 1큰술
다진 생강 1작은술
다진 파슬리 2큰술
소금 약간
후추 약간
물 2컵

01 렌틸콩은 씻은 다음 물에 20분간 불린다.
02 불린 렌틸콩은 체에 밭쳐서 물기를 뺀다.
03 양파는 껍질을 벗긴 다음 사방 0.5cm 크기로 썰어서 준비한다.
04 토마토는 사방 2cm 크기로 큼직하게 썰어둔다.
05 달군 팬에 버터를 녹여 **02**의 렌틸콩을 볶는다.
06 **05**의 렌틸콩에 썰어둔 양파를 넣고 더 볶다가 물을 넣고 푹 끓인다.
07 **06**이 어느 정도 익으면 다진 마늘과 생강을 넣고 커리가루를 넣는다.
08 **07**이 다 익었으면 생크림을 넣고 썰어둔 토마토를 넣는다.
09 재료가 잘 어우러지면 소금, 후추로 간하고 파슬리 넣는다.

**+TIP**

+ 토르티야나 식빵에 곁들여 먹거나 샌드위치에 넣어 먹을 수도 있다.

## 렌틸콩커리 만드는 법

불린 렌틸콩은 체에 밭쳐 물기를 뺀다.

렌틸콩을 버터로 볶는다.

양파는 사방 0.5cm 크기로 썬다.

커리가루를 넣는다.

생크림을 넣는다.

잘 저으면서 끓인다.

볶은 렌틸콩에 잘게 썬 양파를 섞어 더 볶는다.

물을 부어 끓인다.

다진 마늘과 생강을 넣는다.

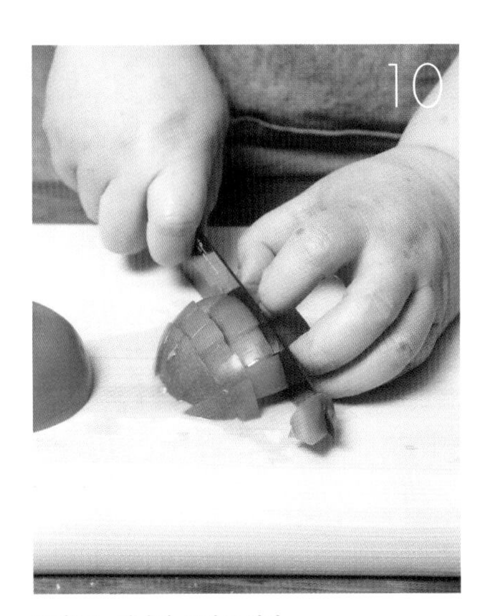


토마토는 적당한 크기로 썬다.

썬 토마토도 넣고 잘 섞으며 끓인다.

줄기콩이 아삭아삭 씹히는

# 줄기콩오코노미야키

줄기콩 6줄기

양배추 잎 4장
베이컨 2장
실파 3대
후추 약간
식용유 적당량

**반죽**

밀가루 2/3컵
소금 1/2작은술
물 1컵

**오코노미야키 토핑**

마요네즈 3큰술
오코노미야키소스 2큰술
파슬리가루 1/2큰술
가츠오부시 한 줌

**01** 줄기콩은 씻은 다음 1cm 길이로 썰고 실파는 송송 썰어둔다.

**02** 양배추와 베이컨은 곱게 채를 썰어서 준비한다.

**03** 믹싱볼에 밀가루와 소금, 물을 넣고 잘 섞은 다음 체에 내려 반죽을 만든다.

**04** 믹싱볼에 줄기콩과 채소를 넣고 **03**의 반죽을 부어 잘 섞는다.

**05** 달군 팬에 기름을 두른 다음 **04**의 반죽을 넣고 앞뒤로 노릇하게 굽는다.

**06** **05**의 재료가 속까지 잘 익었으면 마요네즈, 오코노미야키소스, 파슬리가루, 가츠오부시를 얹어서 낸다.

**+TIP**

+ 오코노미야키는 일본 오사카의 대표 요리로 알려져 있다. 지역에 따라 재료와 만드는 방법이 조금씩 다르다.
+ 취향에 따라 다양한 해물을 추가해서 만들어도 맛있다.

## 줄기콩오코노미야키 만드는 법

줄기콩은 1cm 길이로 썬다.

실파는 송송 썬다.

양배추는 얇게 채 썬다.

줄기콩과 양배추, 베이컨을 섞는다.

반죽물을 부어 잘 섞어준다.

베이컨도 얇게 채 썬다

밀가루와 소금을 섞고 물을 부어 반죽물을 만든다.

반죽물은 체에 내린다.

노릇하게 굽는다.

쫀득한 속살, 완두콩 씹는 재미

# **완두콩**감자고로케

생완두콩 1컵

감자 2개
양파 1/4개
모차렐라치즈 4큰술
밀가루 1컵
달걀 1개
빵가루 1+1/2컵
식용유 적당량

소금 약간
후추 약간

**01** 감자는 껍질을 벗겨 물에 담가 둔 다음 사방 2cm로 썰어서 헹군다.

**02** 김이 오른 찜기에 감자를 15분간 찐다.

**03** **02**의 찐 감자가 뜨거울 때 체에 밭쳐 으깬다.

**04** 생완두콩은 헹궈서 물기를 제거하고, 양파는 곱게 다진다.

**05** 감자, 생완두콩, 양파, 소금, 후추를 넣어서 잘 섞는다.

**06** **05**의 반죽에 모차렐라치즈를 넣고 타원 모양으로 빚는다.

**07** 달걀은 풀어서 달걀물을 만든다.

**08** **06**에 밀가루, 달걀물, 빵가루 순서대로 묻힌 다음 180℃의 기름에서 노릇하게 튀긴다.

**+TIP**

+ 전분질이 많은 감자는 껍질을 벗기고 물에 헹구면 전분질이 어느 정도 빠져서 깔끔하게 요리할 수 있다.

+ 튀김 온도계가 없다면 반죽을 조금 떼어 내서 기름 위에 떨어뜨려 보자.
기름 중간 정도까지 가라앉았다가 떠오르면 180℃ 정도이다. 냄비 아래까지 가라앉았다가 떠오르면 180℃보다 낮은 온도이고, 가라앉지 않고 바로 튀겨지면 온도가 높은 것이다.

## 완두콩감자고로케 만드는 법

감자는 껍질을 벗기고 물에 담가 둔다.

적당한 크기로 썬 감자를 찜기에서 찐다.

찐 감자는 체에 으깨어 내린다.

반죽을 적당히 덜어 모차렐라치즈를 속에 넣고 타원형 모양으로 만든다.

밀가루, 달걀물, 빵가루 순서로 묻힌다.

양파는 곱게 다진다.

으깬 감자와 생완두콩, 다진 양파, 소금, 후추를 섞어 반죽을 만든다.

노릇하게 튀긴다.

키친타월 위에 올려 기름기를 뺀다.

병아리콩후무스와 채소스틱

렌틸콩팔라펠

고소하고 고소하다, 중동식 딥소스

# 병아리콩후무스와 채소스틱

병아리콩 1/2컵

양파 1/4컵
레몬즙 1큰술
후추 약간
소금 1/2작은술
마늘 1톨
올리브유 1큰술

**채소스틱**

당근 1/2개
오이 1/2개
셀러리 1대

01 병아리콩은 씻은 다음 물에 2시간 이상 충분히 불린다.

02 01의 병아리콩은 물 4컵을 넣고 푹 삶는다.

03 양파와 마늘은 다진다.

04 병아리콩은 반 정도 으깨어 양파, 레몬즙, 올리브유, 소금, 후추와 함께 믹서로 곱게 간다.

05 살짝 끓인 다음 식힌다.

06 채소는 씻어서 길게 썰어 05의 소스와 같이 낸다.

+TIP

+ 후무스는 중동에서 많이 먹는 김치와 같은 일상 음식으로, 채소나 빵에 그냥 찍어 먹어도 잘 어울리고 샌드위치 등의 소스로 활용해도 좋다.

## 병아리콩호무스 만드는 법

불린 병아리콩은 삶는다.

삶은 병아리콩은 으깬다.

양파는 다진다.

으깬 병아리콩과 다진 양파, 레몬즙 등을 섞어 믹서에 간다.

믹서에 간 소스를 살짝 끓인다.

신기하게도 고기 맛이 난다

# 렌틸콩팔라펠

렌틸콩 1컵

치킨스톡 2컵
강황가루 1작은술
밀가루 3큰술
다진 파슬리 1큰술
다진 마늘 $^{1}/_{2}$작은술
식용유 적당량

소금 약간
후추 약간

01 렌틸콩은 씻은 다음 동량의 물에 20분간 불린다.

02 불린 렌틸콩과 치킨스톡을 냄비에 넣어서 끓인다.

03 끓이다가 강황가루를 넣고 국물이 거의 없어지도록 끓인다,

04 **03**의 렌틸콩을 뜨거울 때 믹싱볼에 담고 밀가루, 마늘, 소금, 후추, 다진 파슬리를 넣어서 잘 섞는다.

05 **04**의 반죽을 지름 3cm의 구형 모양으로 빚는다.

06 170℃로 가열된 기름에 **05**의 완자를 넣어서 타지 않도록 노릇하게 튀긴다.

**+TIP**

+ 중동 지역에서 흔히 접할 수 있는 길거리 음식으로 가격 대비 고른 영양가를 섭취할 수 있다.
+ 원래 팔라펠은 병아리콩으로 만드므로 렌틸콩 대신 병아리콩을 활용해도 좋다.
+ 조금 납작하게 빚어서 샌드위치 사이에 넣어 먹거나, 샐러드에 곁들여 먹어도 잘 어울린다.

## 렌틸콩팔라펠 만드는 법

렌틸콩과 치킨스톡을 끓이다 강황가루를 넣고 더 끓인다.

파슬리는 잘게 다진다.

끓인 렌틸콩에 밀가루 등을 넣어 섞는다.

다진 파슬리를 넣어 섞는다.

공 모양으로 빚는다.

노릇하게 튀긴다.

톡톡 씹히는 재미와 치즈 향의 놀라운 만남

# 팥치즈페이스트 오픈샌드위치

팥 1/2컵

크림치즈 100g
식빵 2조각
견과류 2큰술
크랜베리 2큰술
물 4컵

01 팥은 씻어서 돌을 고른 다음 체에 밭쳐서 냄비에 넣고 애벌로 삶는다.
02 팥 삶은 물을 따라낸다.
03 02의 팥에 분량의 물을 넣고 물러질 때까지 푹 끓인다.
04 팥이 다 익으면 센 불에서 물기가 없어지도록 가열한 다음 불을 끄고 으깬다.
05 으깬 팥을 식힌 다음 크림치즈와 섞어서 준비한다.
06 견과류는 0.5cm로 썰어 팬에 살짝 볶아서 식힌다. 크랜베리는 잘게 다진다.
07 식빵은 기름을 두르지 않은 팬에 노릇하게 구워 식힌다.
08 07의 식힌 식빵은 모서리를 잘라낸 다음 반으로 썰고 05의 팥치즈페이스트를 바른다.
09 08의 페이스트 위에 견과류, 크랜베리를 올린다.

+TIP

+ 페이스트는 우리나라의 된장이나 고추장 정도의 질감과 농도 상태의 반죽을 의미한다.
그 종류와 응용이 다양한데 주로 빵에 발라 먹거나, 케이크 장식, 파스타소스로도 활용된다.

## 팥치즈페이스트 오픈샌드위치 만드는 법

폭 삶은 팥은 센 불에서 물기가 없어지도록 가열한 다음 으깨어 식힌다.

으깬 팥에 크림치즈를 잘 섞어 팥치즈페이스트를 만든다.

견과류는 잘게 썬다.

구운 식빵은 기대어 세워 식힌다.

식힌 식빵은 가장자리를 잘라낸다.

가장자리를 잘라낸 식빵은 2등분 한다.

잘게 썬 견과류를 살짝 볶아서 식힌다.

크랜베리는 잘게 썬다.

식빵은 기름기 없이 굽는다.

식빵에 만들어 둔 팥치즈페이스트를 펴 바른다.

고명으로 견과류와 크랜베리를 올린다.

소풍 갈 때 적극 추천

# 모둠콩닭고기부리또

모둠콩 1/2컵

닭가슴살 1조각
양상추 잎 4장
양파 1/2개
고추피클 3큰술
토르티야(6인치) 2장

올리브유 적당량
소금 약간
후추 약간
홀그레인 머스터드소스 2큰술

01 모둠콩은 씻어서 4시간 정도 물에 불린 다음 냄비에 속까지 익도록 끓인다.

02 닭가슴살은 저며서 잔 칼집을 넣고 올리브유, 소금, 후추로 밑간해 30분간 재운다.

03 02의 닭가슴살은 달군 팬에 넣어서 노릇하게 굽는다.

04 삶은 모둠콩은 올리브유를 넣고 소금, 후추를 넣어서 볶는다.

05 양상추는 뜯어서 찬물에 담갔다가 물기를 제거한다.

06 토르티야는 기름 없이 팬에 굽는다.

07 05의 토르티야에 홀그레인 머스터드소스를 깔고 그 위에 양상추, 닭가슴살, 양파, 고추피클, 모둠콩을 올려 돌돌 만다.

08 07의 토르티야를 반으로 자른다.

+TIP

+ 양상추는 칼로 자르면 색이 금방 변하므로 손으로 뜯는 것이 좋다.
+ 홀그레인 머스터드소스는 겨자씨, 식초, 향신료가 첨가된 머스터드소스이다. 구운 흰 살 생선 요리나 샌드위치 스프레드, 스테이크 등에 잘 어울리며, 샐러드 드레싱으로도 많이 사용된다.

## 모둠콩닭고기부리또 만드는 법

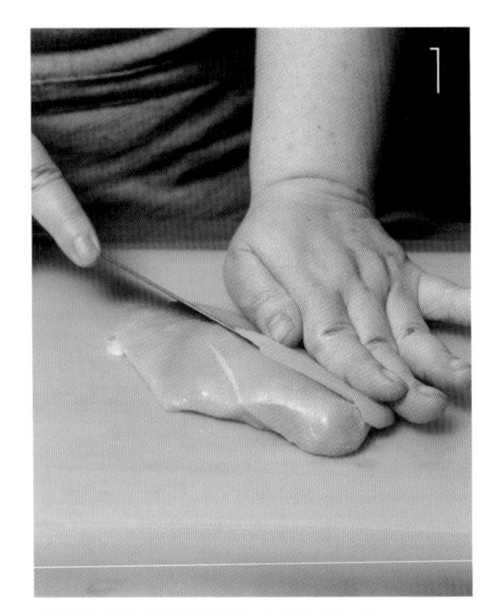


닭가슴살은 얇게 저며 잔 칼집을 넣는다.

저민 닭가슴살은 올리브유, 소금, 후추로 밑간하여 재운다.

재워 두었던 닭가슴살은 노릇하게 굽는다.

토르티야는 기름 없이 팬에 살짝 구워 홀그레인 머스터드소스를 바른다.

양상추를 깔고 닭가슴살과 양파를 올린다.

고추피클, 모둠콩을 올린다.

삶은 모둠콩은 올리브유에 소금, 후추로 간하여 볶는다.

양상추와 채 썬 양파는 찬물에 담가두었다가 건져 물기를 뺀다.

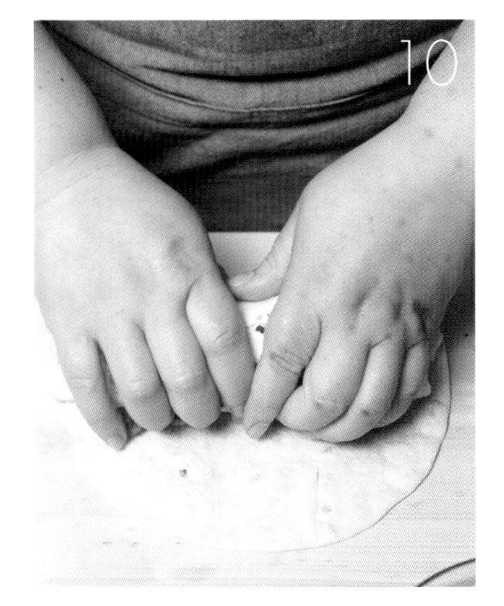

돌돌 말아 부리또를 만든다.

부리또를 2등분 한다.

훨씬 담백하고 딱 좋게 달콤한

# 콩도넛

콩 $^1/_2$컵

우유 $^1/_2$컵
달걀노른자 1개
박력분 200g
베이킹파우더 $^1/_3$작은술
설탕 30g
소금 $^1/_4$작은술
식용유 적당량
슈거파우더 적당량

01 콩은 씻어서 잡티와 돌 등을 제거한 다음 물 2컵에 4시간 이상 불린다.
02 불린 콩은 물기를 제거해서 믹서에 넣고 우유와 달걀을 넣어서 간다.
03 박력분과 베이킹파우더를 체에 쳐서 준비한다.
04 믹싱볼에 **02**와 설탕, 소금, **03**을 넣고 칼로 자르듯이 섞는다.
05 팬에 기름을 넣고 160℃로 달군 다음 **04**의 반죽을 링 모양으로 만들어 튀긴다.
06 **05**의 도넛을 노릇하게 튀긴 다음 키친타월 위에 올려 기름을 뺀다.
07 **06**의 도넛을 접시에 담고 슈거파우더를 뿌린다.

**+TIP**

+ 콩은 백태나 서리태 등 기호에 맞게 준비하면 된다.
+ 너무 세지 않은 온도에 일정하게 튀겨야 바삭하고 속이 촉촉한 도넛이 된다.

## 콩도넛 만드는 법

믹서에 불린 콩, 우유, 달걀을 넣는다.

곱게 간다.

콩 반죽을 볼에 옮긴다.

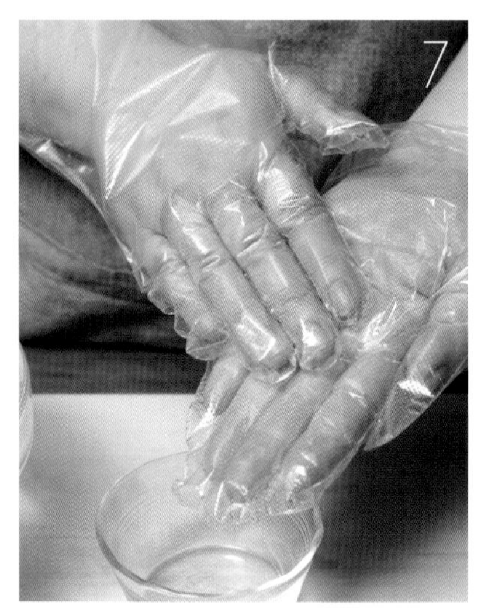


반죽이 묻는 것을 방지하기 위해 손바닥에 기름을 바른다.

반죽을 적당량 덜어내어 링 모양을 만든다.

설탕을 넣는다.

체에 친 박력분과 베이킹파우더 혼합가루도 넣는다.

주걱으로 자르듯이 섞는다.

노릇하게 튀긴다.

튀긴 도넛은 키친타월 위에서 기름기를 뺀다.

고소한 냄새, 폭신한 속살

# 렌틸콩머핀

렌틸콩 1컵

박력분 100g
베이킹파우더 1/2작은술
우유 1/2컵
달걀 1개
올리브유 50g
설탕 2큰술
소금 약간

01 렌틸콩은 씻어서 20분 정도 불린다.
02 불린 렌틸콩을 체에 밭친 다음 냄비에 물 1컵을 부어 삶는다.
03 박력분과 베이킹파우더를 섞어 체에 쳐서 반죽 가루를 만든다.
04 믹싱볼에 우유와 달걀을 넣어서 잘 섞는다.
05 **04**의 재료에 **03**의 가루를 넣고 올리브유, 소금, 설탕 등을 넣어 섞는다.
06 삶아서 식힌 렌틸콩을 **05**의 반죽에 넣고 섞은 다음 머핀 틀에 담는다.
07 오븐에서 온도 180℃로 20분 동안 굽는다.

**+TIP**

+ 렌틸콩은 주황색, 녹색, 베이지색 등 그 색의 종류가 다양하다. 색깔별로 머핀을 만들 수도 있다.

## 렌틸콩머핀 만드는 법

렌틸콩은 씻어서 물에 불린다.

불린 렌틸콩은 삶는다.

박력분과 베이킹파우더를 섞어 체로 쳐서 반죽 가루를 만든다.

올리브유, 소금, 설탕도 넣고 섞는다.

삶아서 식힌 렌틸콩도 섞는다.

우유와 달걀을 잘 섞는다.

체에 친 반죽 가루도 같이 섞는다.

머핀 틀에 적당히 담아 오븐에서 굽는다.

호두 알갱이가 씹혀 더욱 고소한

# 두유아이스크림

시판 두유 1컵

꿀 3큰술
생크림 1/4컵
달걀노른자 1개
레몬즙 2큰술
호두 3큰술

01 생크림은 밑에 얼음을 깔고 거품기로 잘 젓는다.

02 두유는 뜨거운 물에 중탕해서 따뜻해지면 달걀노른자와 꿀을 넣어서 잘 섞는다.

03 호두는 잘게 다진 다음 기름 없이 팬에 볶아서 식힌다.

04 01의 생크림에 02의 식힌 두유와 호두, 레몬즙을 넣고 잘 섞는다.

05 04의 재료를 냉동시킨다. 2시간 간격으로 잘 저어준다.

**+TIP**

+ 생크림을 담을 볼은 얼음을 넣은 볼에 푹 들어갈 정도의 크기로 준비한다.

생크림은 얼음 위에서 거품기로 잘 젓는다.

중탕한 두유에 달걀노른자와 꿀을 넣고 잘 섞어 식힌 뒤, 생크림과 섞는다.

살짝 볶은 호두는 잘게 썰어 넣는다.

용기에 담고 냉동실에서 굳힌다.

당근사과두유

두유푸딩

은은한 단맛에 산뜻한 사과향

# 당근사과**두유**

콩물 1컵

당근 $^1/_2$개
사과 $^1/_2$개
올리브유 $^1/_2$큰술
꿀 적당량

**01** 당근은 잘게 썰어서 냄비에 물이 끓으면 올리브유를 넣고 삶는다.

**02** **01**의 삶은 당근은 건져서 식힌다.

**03** 사과는 씻어서 물기를 제거한 다음 씨를 제거하고 먹기 좋게 썬다.

**04** 믹서에 당근, 사과, 콩물을 넣고 곱게 간다. 기호에 따라 꿀을 넣어 마신다.

**+TIP**

+ 당근을 생으로 먹는 것보다 삶거나 볶아 먹는 것이 체내 베타카로틴 흡수율을 높여준다.

## 당근사과두유 만드는 법

당근은 잘게 썬다.

물이 끓으면 올리브유를 넣고 삶아서 식힌다.

사과는 씻어서 먹기 좋게 썬다.

믹서에 당근, 사과, 콩물을 넣고 곱게 간다.

탱글탱글 담백한 맛

# 두유푸딩

두유 1컵

달걀 3개
설탕 1큰술
판 젤라틴 1장
아가베시럽 3큰술

01 젤라틴은 찬물에 불린다.
02 불린 젤라틴이 부드러워지면 따뜻한 물에 중탕한다.
03 달걀을 풀고 설탕을 넣어서 섞다가 두유를 넣어 잘 섞는다.
04 **03**을 체에 걸러서 준비한다.
05 **04**의 재료에 중탕한 젤라틴을 같이 섞는다.
06 푸딩 그릇에 **05**를 담고 약불에서 15분 정도 찐다.
07 **06**의 푸딩은 냉장고에서 5시간 정도 식힌 다음 먹을 때 아가베시럽을 얹어서 낸다.

**+TIP**

+ 아몬드 등의 견과류나 말린 과일을 올려서 먹어도 잘 어울린다.

## 두유푸딩 만드는 법

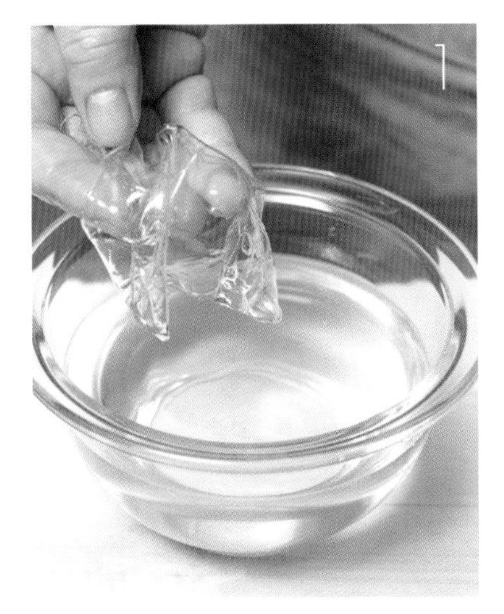


젤라틴은 찬물에 불린다.

불린 젤라틴은 따뜻한 물에 중탕으로 녹인다.

달걀을 풀고 설탕을 넣어 저어준 후 두유를 넣어 잘 섞는다.

달걀 두유물을 체에 내린다.

녹인 젤라틴을 섞는다.

푸딩 그릇에 담아 15분 정도 찐 다음 냉장고에서 차갑게 식힌다.

통팥의 깊고 진한 부드러움

# 팥라떼

팥 1/2컵

우유 1컵
시럽 3큰술
아몬드 2큰술
계피가루 약간
물 5컵

01 팥은 씻어서 돌을 인 다음 체에 밭쳐서 냄비에 넣고 애벌로 삶는다.
02 삶은 팥의 물을 따라낸다.
03 02의 팥에 물 5컵을 넣고 물러질 때까지 다시 푹 끓인다.
04 팥이 무르게 삶아지면 우유와 아몬드를 섞어서 믹서에 간다.
05 계피가루를 뿌려 마무리한다.

**+TIP**

+ 시럽이 없다면 설탕을 적당량 넣어도 된다.
+ 땅콩이나 호두 등 다른 견과류를 더 넣어도 좋다.

애벌로 삶은 팥에 물을 붓고 물러질 때까지 삶는다.

우유에 삶은 팥을 섞는다.

아몬드를 넣는다.

알갱이가 보이지 않도록 곱게 간다.

PART 2
◆
TOFU

# 말랑 포근 두부 요리

# 담백한 상차림

두부로 차리는 밥과 반찬, 찌개와 찜
그리고 한 끼 식사용으로 좋은
다양한 요리들을 소개합니다.

면만으로는 허기질 때

# 연두부잔치국수

연두부 1팩

소면 100g
부추 20줄기
달걀 1개
국물용 멸치 20마리
다시마(사방 5cm 크기) 4장
집간장 1큰술
굵은소금 약간
물 3+1/2컵

양념장

간장 3큰술
고춧가루 1큰술
깨소금 1큰술
참기름 1큰술
후추 약간
다진 마늘 1/2큰술

01 멸치는 내장과 머리를 제거한 다음 다시마와 같이 넣어서 거품이 날 정도로 가열한다.

02 **01**의 멸치 국물은 30분간 두었다가 체에 걸러 준비한다.

03 부추는 5cm 길이로 썰고, 달걀은 풀어 둔다.

04 양념장을 만든다.

05 **02**가 끓으면 연두부를 넣은 다음 부추와 달걀물을 넣고 집간장, 소금으로 간을 맞춘다.

06 냄비에 물이 끓으면 소금을 넣고 소면을 2분 30초 정도 삶는다. 중간에 국수가 끓어오를 때 찬물 1/2컵을 부어준다.

07 **06**의 소면이 다 삶아지면 찬물에 헹궈 두었다가 면 삶았던 더운 물에 담근다.

08 그릇에 소면을 담고 끓여둔 연두부 장국을 부어 양념장과 함께 낸다.

**+TIP**

+ 소면 100g은 1인분으로 손으로 쥐었을 때 지름 3cm, 500원짜리 동전 크기 정도이다.
+ 멸치를 팬에 기름 없이 살짝 볶으면 비린내가 날아갈 뿐만 아니라 더 깔끔하고 구수한 국물을 낼 수 있다.
+ 잔치국수는 찬물에 헹구기 때문에 그대로 국물을 부우면 차가워진다. 국수를 헹군 뒤 면 삶은 물에 담갔다가 국물에 넣어야 따뜻하게 먹을 수 있다.

## 연두부잔치국수 만드는 법

물에 다시마와 멸치를 넣고 끓인다.

다 우려지면 국물을 체에 거른다.

부추는 5cm 길이로 썬다.

부추와 달걀물도 넣어 연두부 장국을 만든다.

끓는 물에 소면을 넣는다.

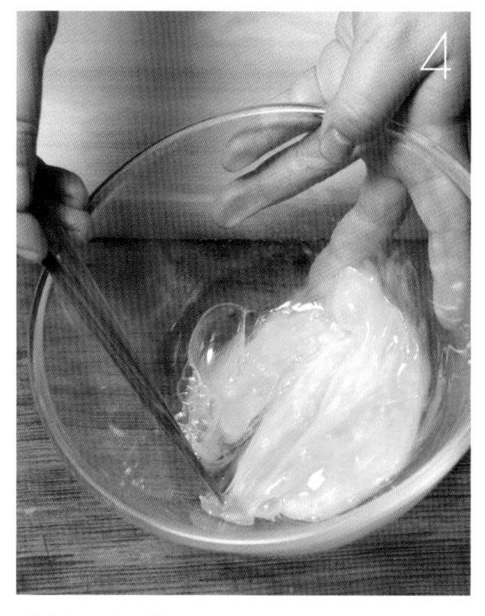

달걀은 풀어둔다.

양념장을 만든다.

멸치와 다시마를 우린 물에 연두부를 넣는다.

끓어오르려 할 때 찬물을 부어주고 한소끔 더 끓인 후 찬물에 헹군다.

그릇에 소면을 담고 연두부 장국을 부어준다.

한입에 쏙, 든든한 요리

# 두부밥

두부 1모

식용유 적당량
밥 1공기

양념장
쪽파 4대
다진 마늘 1/2큰술
고춧가루 1+1/2큰술
간장 3큰술
물 3큰술
참기름 1/2큰술
거피들깨가루 1큰술

01 두부는 사방 5cm, 두께 1cm로 썰어서 수분을 제거한 다음 팬에 기름을 넉넉히 넣고 노릇하게 굽는다.

02 01의 두부는 칼집을 넣어 주머니를 만든다.

03 02의 두부에 밥을 넣는다.

04 쪽파는 송송 썰고 나머지 양념을 넣어서 섞는다.

05 밥과 양념장을 곁들인다.

+TIP

+ 두부밥은 북한 지역에서 주로 먹던 음식이다. 볶음밥을 속으로 넣거나 색다른 양념장을 곁들이는 등 여러 가지 응용이 가능하다.
+ 두부밥용 두부는 단단한 손두부나 부침용 두부를 쓰는 것이 모양을 잡는 데 좋다.

## 두부밥 만드는 법

두부를 썬다.

소금을 뿌려 물기를 제거한다.

기름에 굽는다.

두부 칼집에 밥을 넣는다.

두부밥을 찍어 먹을 양념장을 만든다.

구운 두부는 기름기를 뺀다.

기름기를 뺀 두부 한쪽에 칼집을 내어 주머니 모양을 만든다.

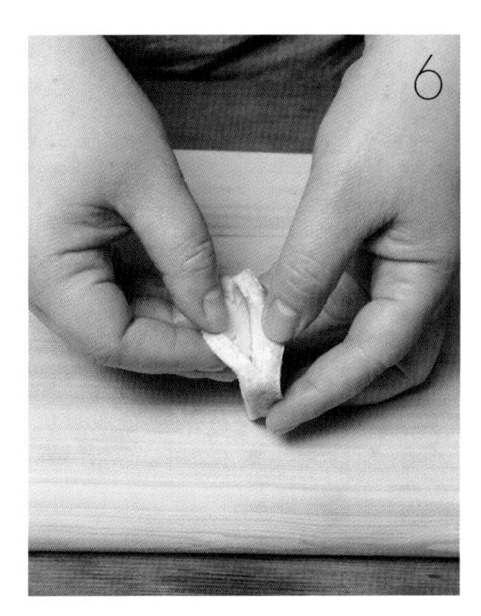

손수 조린 유부로 더 맛있게

# 유부초밥

유부 8장

피망 1/4개
파프리카 1/4개씩
(빨강, 노랑)
검은깨 2큰술
포도씨유 3큰술
소금 약간
따뜻한 밥 2공기

**조림 양념**
간장 2큰술
설탕 1큰술
맛술 1큰술
다시마 우린 물 1/2컵

01 유부는 3장 정도를 겹쳐 나무젓가락으로 밀어 둔다.

02 01의 유부는 끓는 물에 데친 다음 물기를 꼭 짜서 조림 양념에 졸인다.

03 당근, 피망, 파프리카는 사방 0.3cm 크기로 다진 다음 살짝 볶는다.

04 믹싱볼에 밥을 넣고 03의 채소, 검은깨, 소금, 포도씨유를 넣어서 잘 섞는다.

05 02의 졸인 유부는 꼭 짜서 물기를 제거한 다음 삼각형 모양으로 잘라서 그 속에 04의 밥을 넣는다.

**+TIP**

+ 유부를 젓가락으로 밀어두면 유부의 양쪽 면이 잘 벌어져 주머니 모양을 만들기 쉽다.

## 유부초밥 만드는 법

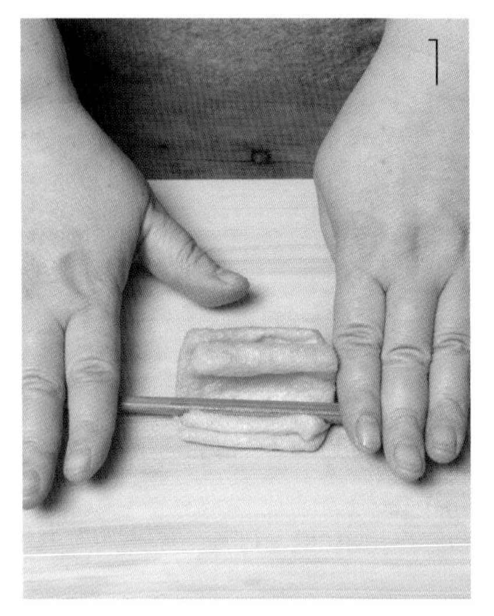

유부를 젓가락으로 민다.

유부를 끓는 물에 데친다.

데친 유부는 찬물에 헹군다.

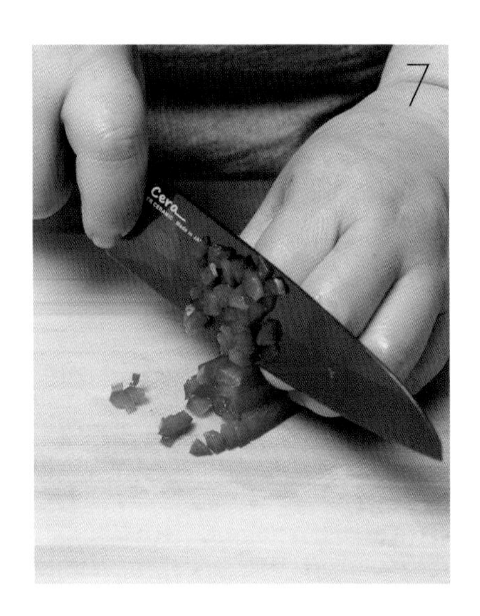

밥에 포도씨유와 소금, 검은깨, 다진 파프리카를 넣고 잘 버무린다.

조림 양념을 만든다.

3의 유부를 꼭 짜서 물기를 제거한 뒤 조림 양념에 졸인다.

파프리카를 색깔별로 잘게 다져서 살짝 볶은 뒤 식힌다.

졸인 유부를 삼각형 주머니 모양으로 썬다.

유부주머니를 버무린 밥으로 채운다.

간장에 흠뻑 빠진 두부

# 두부장비빔밥

두부 1/4모

밥 3공기
팽이버섯 1/2봉
새싹채소 2컵
상추 잎 8장
들깻잎 12장

**두부장**
간장 1/2컵
들기름 2큰술
쪽파 3대
홍고추 1/2개
깨소금 1/2큰술

01 두부는 1cm 정도로 잘게 썰어 키친타월이나 면포에 올려 수분을 제거한다.

02 **01**의 두부에 간장을 붓고 1시간 정도 둔다.
쪽파는 송송 썰고, 홍고추는 사방 0.5cm 크기로 썬다.

03 **02**의 두부를 건져서 나머지 재료를 넣고 잘 섞는다.

04 상추, 들깻잎은 곱게 채를 썰어 각각 찬물에 담갔다가 물기를 제거한다.

05 팽이버섯은 3cm 길이로 썰어두고, 새싹채소도 씻은 다음 물기를 제거한다.

06 밥 위에 채소를 얹고 두부장을 곁들여 낸다.

**+TIP**

+ 두부장은 원래 두부를 된장이나 고추장에 오랫동안 절여 두었다가 먹는 전통 음식이다. 이 요리에서는 약식으로 간장을 부어 두부장을 만들어 보았다.

두부에 간장을 부어 두부에 간장이 스며들도록 1시간 정도 둔다.

채를 썬 상추와 들깻잎, 새싹채소도 물기를 제거해서 준비한다.

간장에 재운 두부와 잘게 썬 쪽파 등을 섞어 두부장을 만든다.

톡톡 터치는 날치알 가득

# 두부초밥

두부 1/2모

뜨거운 밥 2공기
날치알 2큰술
식초 1작은술
미나리 12줄기

**와사비 양념**

발효 와사비가루 1큰술
마요네즈 3큰술
소금 적당량

**초밥초**

식초 3큰술
소금 2작은술
설탕 3큰술
다시마(사방 2cm) 2장

01 두부는 2.5×4cm, 두께 0.7cm 크기로 썰어서 소금을 뿌려 수분을 제거한다.

02 01의 두부는 달군 팬에 기름을 넉넉히 두른 다음 바삭하게 구워서 기름을 제거한다.

03 믹싱볼에 뜨거운 밥을 넣고 분량의 초밥초를 넣어서 잘 섞은 다음 식힌다.

04 발효 와사비가루, 마요네즈를 잘 섞어 소스를 만든다.

05 끓는 물에 소금을 넣고 미나리를 데친 다음 찬물에 헹궈서 물기를 꼭 짠다.

06 03의 밥이 식으면 밥을 길이 5cm 정도의 타원 모양으로 만들어 와사비소스를 얹고 두부를 앞뒤로 얹는다.

07 06을 미나리로 묶고, 날치알은 식초물에 헹군 다음 물기를 제거해서 두부초밥 위에 적당량을 얹는다.

**+TIP**

+ 날치알을 식초물에 헹구면 소독도 되고 탱글탱글한 식감도 살아난다. 이때 식초를 너무 많이 넣으면 날치알이 익기 때문에 소량만 사용한다.

## 두부초밥 만드는 법

수분을 제거한 두부는 노릇하게 구워 기름기를 뺀다.

날치알은 식초물에 헹궈 물기를 제거한다.

초밥초 재료를 섞는다.

반죽된 와사비에 마요네즈를 넣어 다시 섞는다.

미나리는 끓는 물에 데쳐 찬물에서 식힌다.

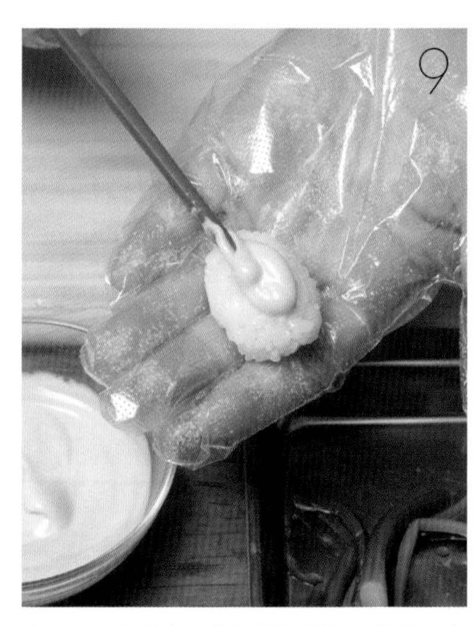

손으로 밥을 뭉쳐 모양을 잡은 다음 그 위에 와사비 양념을 얹는다.

밥에 초밥초를 넣어 버무린다.

와사비가루는 물을 부어 섞는다.

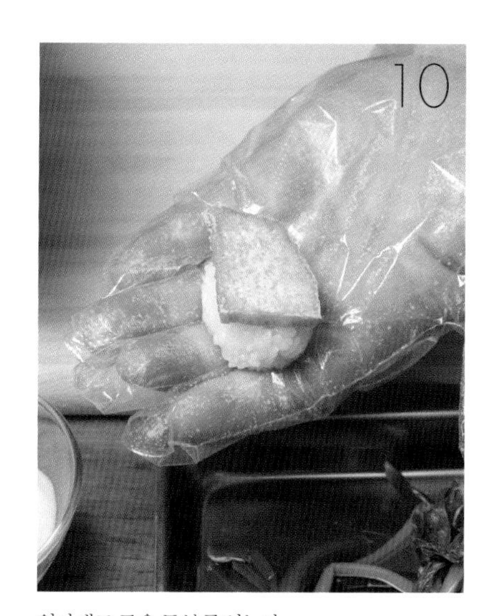


위아래로 구운 두부를 얹는다

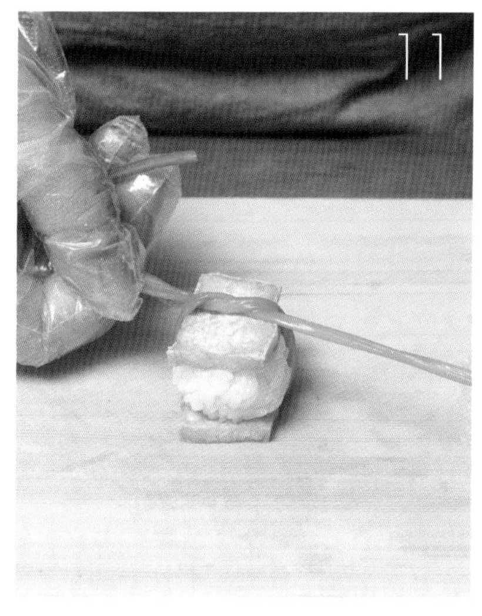


미나리로 묶는다.

날치알을 올려 마무리한다.

알싸하고 구수한 중식 별미

# 마파**두부**덮밥

두부 $^1/_2$모

다진 소고기 50g
청·홍고추 1개씩
양파 $^1/_4$개
대파 $^1/_4$대
밥 2공기

**졸임 양념**

설탕 $^1/_2$큰술
두반장 3큰술
식용유 1큰술
물 $1+^1/_2$컵
물녹말 2큰술
다진 마늘 $^1/_2$큰술
참기름 1작은술
후추 약간

01 두부는 사방 1cm 크기로 썰어서 끓는 물에 소금을 넣고 데친다.

02 대파, 양파, 고추는 사방 0.3cm 크기로 잘게 썬다.

03 달군 팬에 기름을 두르고 마늘, 양파를 볶다가 다진 소고기를 넣어서 같이 볶는다.

04 **03**의 소고기가 익었으면 두반장, 대파를 넣고 더 볶다가 물을 넣고 끓인다.

05 **04**에 설탕, 후추로 간을 한 다음 물녹말로 농도를 맞추고 **01**의 두부를 넣는다.

06 두부에 간이 배도록 자작하게 끓이다가 고추를 넣고 불을 끈 다음 참기름을 넣는다.

07 밥을 그릇에 담고 마파두부를 얹어서 낸다.

**+TIP**

+ 좀 더 고소하게 즐기고 싶다면 두부를 튀겨 보자. 팬에 기름을 자작할 정도로 두르고 깍둑썰기 한 두부에 기름을 끼얹으며 굽듯이 튀겨내면 된다.

### 마파두부 만드는 법

두부는 사방 1cm 크기로 깍둑썰기 한다.

썬 두부는 끓는 소금물에 살짝 데친다.

대파는 잘게 썬다.

마늘과 양파를 먼저 볶다가 다진 소고기를 넣어서 볶는다.

소고기가 익으면 두반장과 대파를 넣고 더 볶는다.

물을 부어 끓인다.

양파와 청·홍고추도 잘게 썬다.

설탕, 후추로 간하고 물녹말로 농도를 맞춘다.

두부를 넣고 자작하게 끓인다.

청·홍고추를 넣고 참기름으로 마무리한다.

보드랍게 후루룩

# 연두부북어죽

연두부 1팩

불린 쌀 1/2컵
북어 10g
애호박 1/5개
달걀 1개
양파 1/4개
물 3컵

죽 양념
소금 약간
간장 1큰술
참기름 1큰술

01 북어는 불려서 잘게 썬다.

02 애호박, 양파도 북어와 비슷한 크기로 썬다.

03 연두부는 포장 용기째 북어와 비슷한 크기로 썬다.

04 불린 쌀과 북어, 참기름을 함께 볶다가 물을 부어 푹 끓인다.

05 04의 재료에 채소를 넣고 농도가 나도록 끓이다가 연두부를 넣고 더 끓인다.

06 달걀은 풀어서 준비한다.

07 05의 죽에 간장과 소금을 넣어 간을 한 다음 06의 풀어둔 달걀을 넣고 고루 저어 준다. 달걀이 어느 정도 익으면 그릇에 담는다.

+TIP

+ 죽을 끓일 때 물의 양은 쌀 양의 6배 정도로 잡으면 적당하다.

## 연두부북어죽 만드는 법

북어는 불려서 잘게 썰고, 양파와 애호박도 북어와 비슷한 크기로 잘게 썬다.

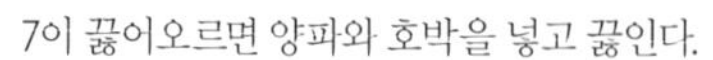

7이 끓어오르면 양파와 호박을 넣고 끓인다.

다시 끓으면 연두부를 넣고 한 번 더 끓인다.

연두부는 포장 용기째 북어와 비슷한 크기로 썬다.

북어와 불린 쌀을 볶다가 물을 붓고 끓인다.

걸쭉하게 끓어오르면 간장과 소금으로 간을 맞춘다.

달걀을 풀어서 죽에 넣는다.

아삭한 숙주와 기분 좋은 만남

# 두부냉채

두부 1/2모

숙주 100g
래디시 1개
오이 1/4개
무순 1/4팩

냉채 소스
간장 2큰술
레몬즙 2큰술
설탕 1/2작은술

01 두부를 씻는다.

02 씻은 두부는 소금을 넣은 끓는 물에 데친 후 식힌다.

03 숙주는 머리와 꼬리를 다듬은 다음 끓는 물에 소금을 넣고 데친 후 찬물에 담가 둔다.

04 오이, 래디시는 먹기 좋게 채를 썬다.

05 무순은 씻어서 끝 부분을 잘라 준비한다.

06 준비한 소스를 한데 섞어 냉채 소스를 만든다.

07 두부에 채소를 얹고 06의 소스를 끼얹는다.

+TIP

+ 완성된 후 먹기 직전까지 냉장 보관하면 시원한 냉채를 즐길 수 있다.

## 두부냉채 만드는 법

두부는 소금물에 통째로 데친다.

숙주를 다듬는다.

다듬은 숙주는 끓는 물에 데친다.

무순도 찬물에 담가둔다.

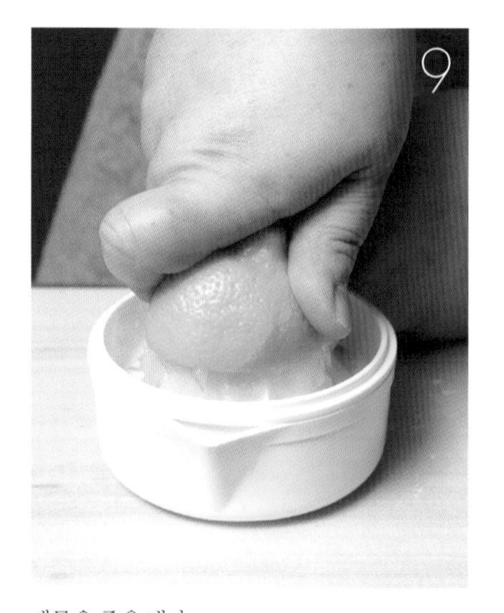

레몬은 즙을 낸다.

데친 숙주는 찬물에 담가 둔다.

키친타월로 물기를 뺀다.

오이와 래디시는 채 썰어 찬물에 담가 둔다.

냉채 소스를 만든다.

두부 위에 채소를 올린다.

냉채 소스를 붓는다.

입맛 돌아오는 상큼한 맛

# 연두부냉채

연두부 1팩

마른 미역 3g
어린잎채소 1컵

**냉채 소스**
다시마(사방 5cm) 4장
가츠오부시 1줌
식초 2큰술
무즙 2큰술
간장 2큰술
물 1컵

01 연두부는 용기째 흐르는 물에 씻어서 준비한다.

02 미역은 불려서 데친 다음 물기를 제거하고 잘게 썰어 둔다.

03 어린잎채소는 씻어서 키친타월에 올려 물기를 제거한다.

04 다시마는 찬물에 넣고 거품이 날 정도로 끓인 다음 불을 끄고 가츠오부시를 넣어서 5분간 두었다가 체에 거른다.

05 무는 강판에 갈아서 즙을 내서 가츠오부시 국물, 간장, 식초와 같이 섞는다.

06 그릇에 연두부를 담고 미역을 얹어 그 위에 소스를 뿌린 뒤, 어린잎채소로 마무리한다.

**+TIP**

+ 연두부는 모양을 살리기가 쉽지 않다. 시중에 파는 연두부는 포장이 되어 있으므로 포장 용기째 흐르는 물에 씻으면 모양을 그대로 살릴 수 있다.
+ 어린잎채소는 잎이 연하기 때문에 물기가 있으면 짓무르기 쉽다. 씻은 뒤 물기를 꼭 제거하자.

## 연두부냉채 만드는 법

연두부는 용기째로 흐르는 물에 씻는다.

미역을 불려 데친 다음 잘게 썬다.

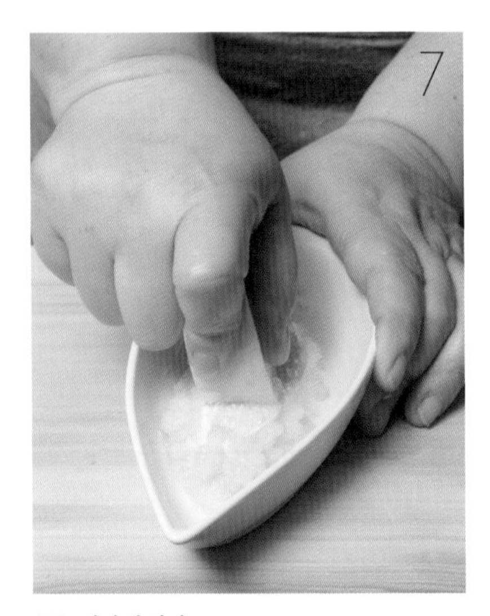


무는 강판에 간다.

무즙에 간장과 가츠오부시 국물, 식초 등을 섞어 냉채 소스를 만든다.

어린잎채소는 씻어서 물기를 제거한다.

물에 다시마를 넣고 끓이다 불을 끄고 가츠오부시를 넣고 5분간 둔다.

체에 걸러 가츠오부시 국물을 만든다.

연두부를 그릇에 담고 칼집을 낸다.

미역을 연두부 위에 얹고 냉채 소스를 붓는다.

어린잎채소를 얹고 마무리한다.

고슬한 두부와 잘 어울리는 바다 내음 나물

# 두부세발나물무침

두부 $^{1}/_{2}$모

세발나물 200g
홍고추 1개

**무침 양념**
된장 $1+^{1}/_{2}$큰술
식초 $^{1}/_{2}$큰술
다진 마늘 1작은술
깨소금 1큰술
참기름 1작은술

01 두부는 면포로 꼭 짜서 수분을 제거한다.

02 **01**의 두부는 믹싱볼에 담고 수저로 으깬다.

03 세발나물은 질긴 부분은 제거하고 다듬어서 끓는 물에 소금을 넣고 데친다.

04 **03**의 세발나물은 찬물에 헹군 다음 물기를 꼭 짜서 2cm 크기로 썬다.

05 홍고추는 0.5cm 두께로 잘게 썬다.

06 **02**의 두부에 된장, 식초, 마늘, 깨소금, 참기름을 넣어서 무침 양념을 만든다.

07 세발나물, 홍고추를 **06**의 양념으로 무친 다음 그릇에 담는다.

**+TIP**

+ 두부는 으깨어 말린 것처럼 꼭 짜야 한다. 그렇지 않으면 나물을 무칠 때 물기 때문에 고슬고슬한 두부 맛을 느끼기 어렵다.
+ 세발나물은 갯벌의 염분을 먹고 바닷가에서 자라기 때문에 자체에 간간한 맛이 함유되어 있고 쓴맛이 없어 다양하게 무쳐 먹을 수 있다. 고기와 함께 쌈을 싸서 먹어도 좋다.

## 두부세발나물무침 만드는 법

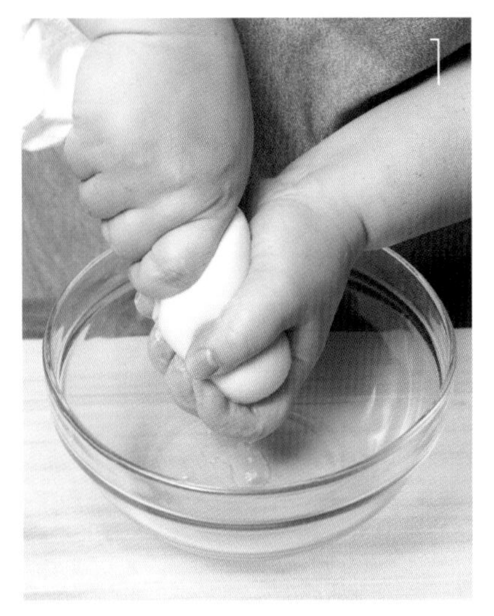


두부는 면포에 싸서 물기를 꽉 짠다.

물기를 뺀 두부를 으깬다.

끓는 소금물에 세발나물을 데친다.

으깬 두부에 먼저 된장을 넣고, 식초 마늘과 함께 섞는다.

세발나물과 홍고추도 넣어 섞는다.

데친 세발나물은 찬물에 헹군다.

찬물에 헹군 세발나물은 꼭 짜서 물기를 뺀 뒤, 2cm 크기로 썬다.

홍고추는 잘게 썬다.

깨소금과 참기름으로 마무리한다.

국민 두부 요리

# 두부김치

두부 1모

김치 1/2포기
양파 1/4개
대파 1/4대
청·홍고추 1개씩

**볶음 양념**
설탕 1작은술
다진 마늘 1/2큰술
깨소금 1큰술
고춧가루 1큰술
참기름 1작은술
식용유 1큰술

01 두부는 3×4cm 크기로 도톰하게 썰어서 끓는 물에 소금을 넣어 살짝 데친다.

02 김치는 소를 털어낸 다음 3cm 폭으로 썰어서 준비한다.

03 양파는 채를 썰고 대파와 고추는 어슷하게 썬다.

04 팬에 기름을 두르고 다진 마늘을 볶다가 김치를 넣어서 볶는다.

05 04의 김치에 양파, 대파, 고추, 설탕, 고춧가루를 넣어서 더 볶다가 불을 끄고 참기름, 깨소금을 넣어 잘 섞는다.

06 접시에 두부와 볶은 김치를 담아서 낸다.

**+TIP**

+ 번거롭긴 하지만 들기름이나 참기름을 두른 팬에 두부를 살짝 구워서 내면 더욱 고소함이 살아난다.

## 두부김치 만드는 법

두부를 썰어서 끓는 물에 데친 후 건진다.

팬에 기름을 두르고 다진 마늘을 볶다가 김치를 넣어 볶는다. 볶을 때 물을 약간 넣는다.

고춧가루, 설탕 등으로 양념한다.

양파는 채 썰고 고추와 대파는 어슷썰기 한다.

양파와 대파, 고추를 넣는다.

참기름과 깨소금으로 마무리한다.

두부와 채소를 감싸는 짭조름한 감칠맛

# 두부굴소스볶음

두부 1/2모

청경채 2줄기
청·홍고추 1개씩
마늘 4톨
생강 1쪽
대파 1/4대
식용유 적당량

**볶음 양념**

굴소스 3큰술
참기름 1작은술
물녹말 1/2큰술
물 1/2컵

01 두부는 3×4cm 크기로 도톰하게 썰어서 소금을 뿌린 다음 물기를 제거한다.

02 **01**의 두부는 팬에 기름을 넉넉히 두르고 노릇하게 구운 다음 기름을 제거한다.

03 청경채는 씻어서 4cm 길이로 썰고, 고추는 길게 반을 갈라서 씨를 제거한 다음 어슷썰기 한다.

04 마늘, 생강, 대파는 편을 썰어 준비한다.

05 팬에 기름을 두른 다음 **04**를 넣고 볶다가 **02**의 두부도 같이 볶는다.

06 **05**의 두부에 굴소스, 물, 나머지 채소도 넣어 볶은 다음 물녹말로 농도를 맞춘다.

07 **06**이 적당하게 졸여지면 불을 끄고 참기름으로 마무리한다.

**+TIP**

+ 볶음을 할 때 마지막 과정에 물녹말을 넣으면 음식의 윤기를 더하고 양념이 재료에 깊게 배어들도록 해준다.

## 두부굴소스볶음 만드는 법

두부에 소금을 뿌리고 물기를 제거한다.

두부를 노릇하게 굽는다.

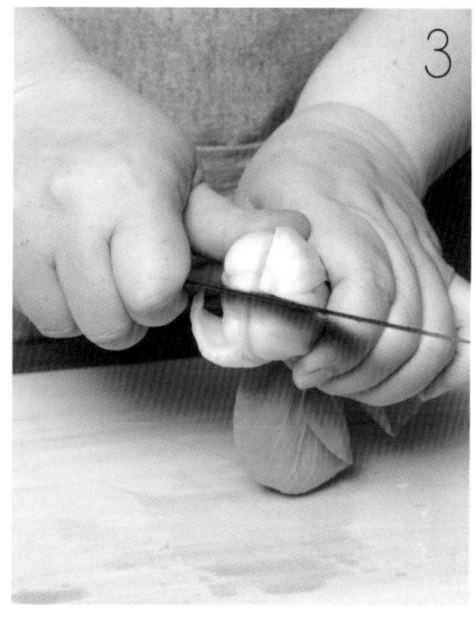

청경채는 밑동을 자르지 않고 4등분 한다.

팬에 기름을 두르고 생강, 마늘, 대파를 먼저 볶는다.

굴소스를 넣는다.

두부를 넣어 볶는다.

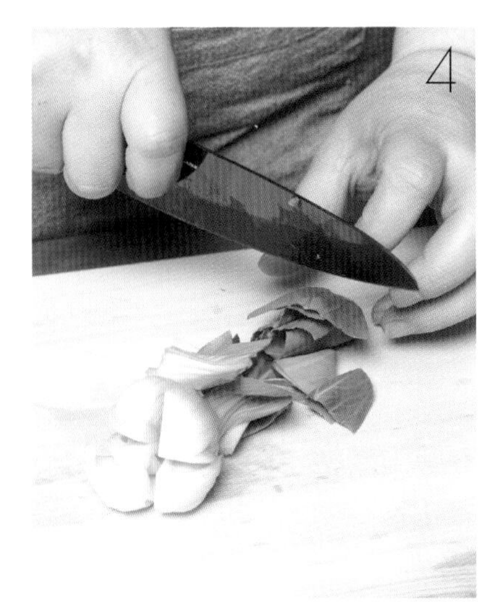


다시 4cm 길이로 썬다.

고추는 반을 갈라 씨를 제거하고 어슷썰기 한다.

생강, 마늘, 대파는 편으로 썬다.

청경채와 청·홍고추를 넣고 볶는다.

물녹말로 농도를 맞춘다.

마지막에 참기름으로 마무리한다.

탱글탱글 매콤하게 즐긴다

# 두부튀김채소볶음

두부 1/2모

셀러리 1줄기
파프리카(빨강) 1/2개
양파 1/3개

**볶음 양념**

다진 마늘 1/2큰술
간장 1큰술
고추장 1큰술
올리고당 2큰술
식용유 적당량
소금 약간

01 두부는 1.5×5cm 크기로 썰어서 소금을 뿌린 다음 수분을 제거해서 준비한다.

02 달군 팬에 기름을 두른 다음 180℃ 정도로 온도가 오르면 **01**의 두부를 넣고 약간 딱딱할 정도로 튀긴다.

03 셀러리는 섬유질을 제거한 다음 1cm 두께로 썬다.

04 양파는 껍질을 벗긴 다음 3cm 두께로 썰고, 파프리카도 씨를 제거한 다음 1×3cm 크기로 썬다.

05 팬에 기름을 두르고 마늘을 볶다가 간장, 고추장을 넣고 튀긴 두부를 볶는다.

06 **05**에 채소를 넣고 볶다가 올리고당을 넣어서 더 볶는다. 기호에 따라 소금으로 간을 맞춘다.

**+TIP**

+ 두부 표면의 물기를 완벽하게 제거해야 튀길 때 기름이 튀지 않는다.

## 튀긴두부채소볶음 만드는 법

두부는 막대 모양으로 썬다.

두부를 기름에 튀긴다.

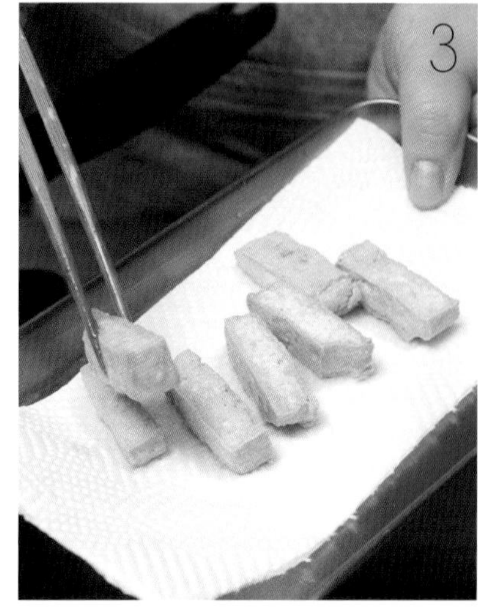


튀긴 두부는 키친타월 위에서 기름기를 뺀다.

마늘을 먼저 볶는다.

간장, 고추장을 넣고 튀긴 두부도 섞어 더 볶는다.

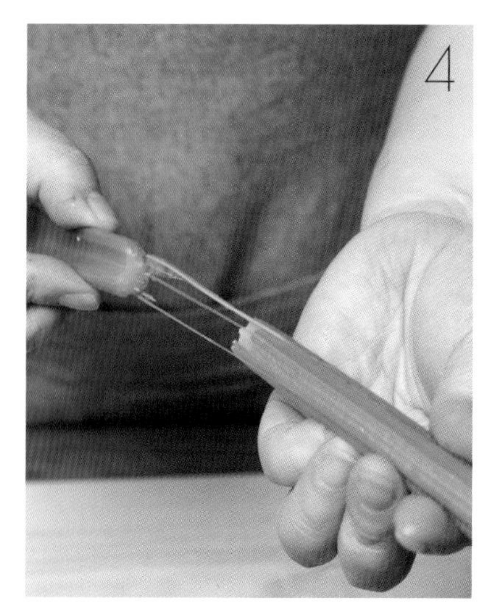

셀러리의 섬유질을 제거한다.

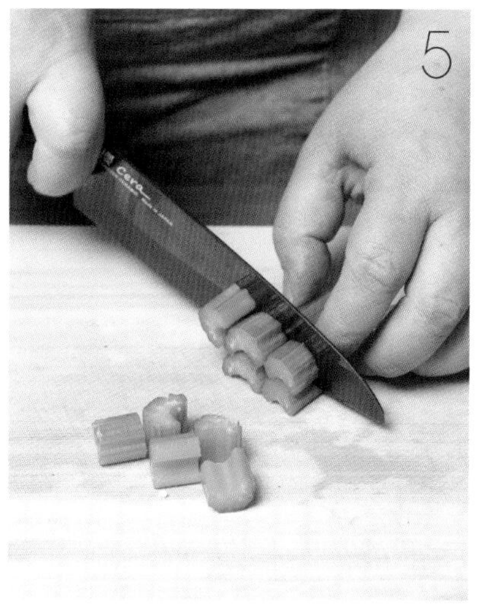

섬유질을 제거한 셀러리는 1cm 두께로 썬다.

양파는 두껍게 세로로 썬 다음, 가로로 한 번 더 썬다.

준비한 채소도 함께 볶는다.

마지막으로 올리고당을 넣는다.

당면 없이 만든 잡채

# 두부버섯잡채

두부 1/2모

줄기콩 6줄기
새송이버섯 1개
애느타리버섯 1/4팩
표고버섯 2개
파프리카 1/4개씩
(빨강, 노랑)

**볶음 양념**
깨소금 1/2큰술
참기름 1작은술
식용유 2큰술
간장 2큰술
다진 마늘 1/2큰술
설탕 1/2큰술
소금 약간

01 두부는 편으로 썰고 소금을 뿌려 수분을 제거한 다음 팬에 기름을 넣고 노릇하게 굽는다.
02 구운 두부는 0.8cm 폭으로 썰고, 표고버섯은 갓만 떼어내 채 썬다.
03 새송이버섯은 두부와 같은 크기로 썰고, 줄기콩은 5cm 길이로 썬다.
04 느타리버섯은 밑동을 제거한 다음 5cm 길이로 썬다.
05 파프리카도 씨를 제거한 다음 두부와 비슷한 크기로 썬다.
06 팬에 기름 1/2 큰술을 넣고 마늘을 볶다가 두부, 간장, 설탕을 넣어서 더 볶고 채소를 마지막에 넣는다.
07 06의 채소가 살짝 볶아지면 불을 끄고 참기름, 깨소금을 넣는다.

**+TIP**
+ 두부를 구울 때는 밑면이 어느 정도 구워진 후 뒤집어야 부서지지 않고 잘 구울 수 있다.
+ 구운 두부는 한 김 식힌 뒤 자르면 더 깔끔하게 자를 수 있다.

## 두부버섯잡채 만드는 법

두부는 넓적하게 썰어 소금을 뿌려 수분을 뺀 뒤 굽는다.

구운 두부를 0.8cm 폭으로 썬다.

새송이는 두부와 같은 크기로 썬다.

파프리카도 0.5cm 폭으로 썬다.

마늘을 볶는다.

표고버섯은 채 썬다.

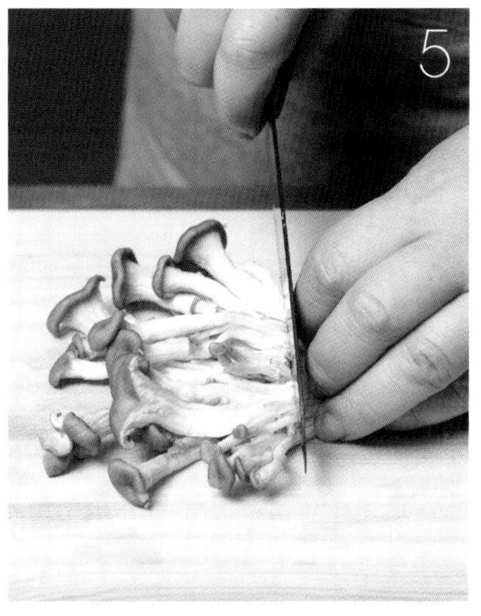


느타리버섯은 밑동을 제거한 다음 5cm 길이로 썬다.

줄기콩은 5cm 길이로 썬다.

버섯, 파프리카, 두부, 줄기콩을 섞어 볶다가 간장 등 볶음 양념을 넣고 볶는다.

나머지 채소를 모두 넣고 살짝 더 볶는다.

마지막에 참기름과 깨소금으로 마무리한다.

목이버섯이 오돌오돌

# 두부목이버섯전

두부 $^{1}/_{2}$모

당근(2cm짜리) 1토막
목이버섯 3개
쪽파 5대
식용유 적당량

**반죽 양념**
달걀 1개
밀가루 2큰술
다진 마늘 1작은술
소금 약간
후추 약간

01 두부는 면보로 꼭 짜서 수분을 제거한 다음 수저로 으깨서 준비한다.

02 목이버섯은 찬물에 불린 다음 밑동을 제거하고 잘게 다진다.

03 당근은 잘게 다지고 쪽파는 송송 썬다.

04 01의 두부에 목이버섯과 당근, 쪽파, 반죽 양념 재료를 넣어서 간을 한다.

05 달군 팬에 기름을 두른 다음 04의 반죽을 한 수저씩 떠서 앞뒤로 노릇하게 굽는다.

**+TIP**

+ 두부전 반죽을 지질 때 달걀옷을 입히면 더욱 고소하다.

## 두부목이버섯전 만드는 법

두부는 키친타월 위에 올려 수분을 제거한다.

1의 두부를 으깬다.

목이버섯은 밑동을 제거하고 잘게 다진다.

두부와 목이버섯, 당근과 쪽파를 섞는다.

달걀과 밀가루 그리고 양념을 넣고 반죽하듯 고루 섞는다.

당근은 잘게 다진다.

쪽파는 송송 썬다.

팬에서 노릇하게 지진다.

지진 두부목이버섯전은 키친타월 위에 두어 기름기를 뺀다.

한입 두부에 푸짐한 속

# 두부소박이

두부 1/2모

다진 돼지고기 50g
당근(2cm짜리) 1토막
쪽파 3대
밀가루 4큰술
달걀 1개
식용유 적당량

**소 양념**
간장 1/2큰술
생강즙 1작은술
참기름 1/2작은술
다진 마늘 1작은술
후추 약간

**01** 두부는 0.5×5cm 크기로 썰어 소금을 뿌려 수분을 제거한다.

**02** 당근은 잘게 다지고, 쪽파는 송송 썬 다음 믹싱볼에 넣고 돼지고기와 섞는다.

**03** **02**의 재료에 생강즙, 간장, 참기름, 마늘, 후추를 넣어서 잘 섞는다.
달걀은 풀어서 준비한다.

**04** **01**의 두부에 밀가루를 바르고 **03**의 소를 얇게 펴 바른 다음 다시 두부를 얹는다.

**05** **04**의 두부에 밀가루를 묻히고 풀어 놓은 달걀물에 담갔다가 기름을 넉넉히 두른 팬에
앞뒤로 타지 않도록 노릇하게 튀긴다.

**+TIP**

+ 칼의 앞부분을 사용하면 얇게 썰기 쉽다.
+ 두부가 너무 두꺼우면 고기가 익기 전에 두부가 먼저 탈 수 있다. 두께가 0.5cm가 넘지 않도록 하자.
+ 두부에 밀가루를 잘 펴발라야 고기가 떨어지지 않고 달걀물도 잘 붙는다.

## 두부소박이 만드는 법

두부는 사방 5cm, 두께 0.5cm 크기로 썰고 소금을 뿌려 수분을 제거한다.

당근은 잘게 썬다.

쪽파는 송송 썬다.

수분을 제거한 두부에 밀가루를 뿌린다.

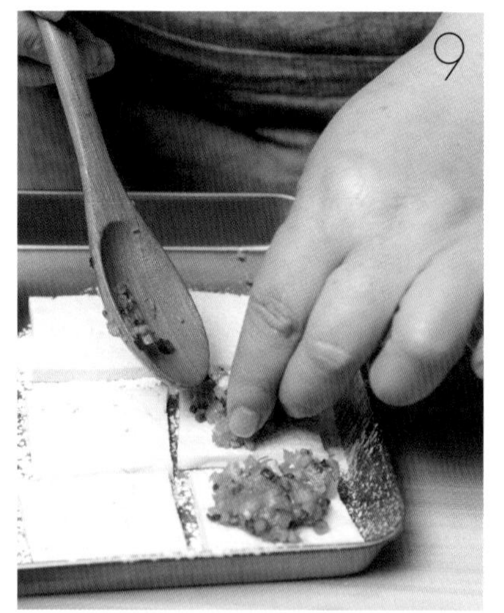

양념된 소를 얹는다.

잘게 썬 당근과 쪽파에 소 양념 재료를 넣고 돼지고기와 잘 섞는다.

다시 두부를 얹는다.

달걀물을 묻힌다.

기름에 튀긴다.

멸치로 감칠맛을 더했다

# 두부멸치양념조림

두부 1모

멸치 10마리
양파 1/4개
홍고추 1/2개
식용유 1큰술

**조림 양념**
물 1컵
간장 3큰술
다진 마늘 1/2큰술
다진 파 1큰술
설탕 1/2큰술
후추 약간
참기름 1작은술

01 두부는 사방 5cm 크기로 도톰하게 썰어서 소금을 뿌린 다음 키친타월이나 면포로 꼭 눌러 수분을 제거한다.

02 달군 팬에 기름을 두른 다음 01의 두부를 넣고 노릇하게 굽는다.

03 멸치는 머리와 내장을 제거한 다음 잘게 썬다.

04 양파와 홍고추도 잘게 다져서 준비한다.

05 03의 멸치와 조림 양념을 섞는다.

06 냄비에 두부를 돌려 깔고 조림 양념을 끼얹은 다음 물을 넣어서 약불에서 자작하게 졸인다.

**+TIP**

+ 조림하기 전 두부에 미리 소금을 뿌려 놓으면 밑간이 살짝 되면서 간수가 빠져 양념이 더 잘 베어든다.

두부는 소금을 뿌리고 키친타월로 수분을 제거한다.

멸치는 머리와 내장을 제거하고 잘게 썬다.

조림 양념에 잘게 썬 멸치를 섞는다.

두부를 굽고 조림 양념을 살짝 끼얹다가 전체적으로 부어준다.

쫄깃한 식감에 어묵보다 담백한

# 말린두부조림

말린 두부 1모

**조림 양념**

간장 1+1/2큰술
생강즙 1/2큰술
설탕 1큰술
후추 약간

01 말린 두부는 물에 30분간 불린 다음, 부드러워지도록 약불에서 삶은 뒤 먹기 좋은 크기로 썬다.

02 팬에 **01**의 불린 두부와 간장, 생강즙, 물을 넣고 끓인다.

03 국물이 자작해지면 설탕, 후추를 넣고 한 번 더 조린 다음 불을 끈다.

**+TIP**

+ 말린 두부는 생두부 1모를 8조각 정도로 썰어 건조기에서 40℃ 온도로 8시간 동안 건조한 것이다. 너무 딱딱하지 않게 건조해야 나중에 조리하기 쉽다.

말린 두부를 불려서 약불에서 삶는다.

삶은 두부는 먹기 좋은 크기로 썬다.

두부에 조림 양념을 섞어 졸인다.

국물이 자작해지면 설탕, 후추를 넣고 한 번 더 졸인다.

표고버섯 향 가득, 부드러운

# 두부선

두부 1/2모

말린 표고버섯 4개

양념
다진 마늘 1큰술
다진 파 2큰술
소금 약간
참기름 1/2큰술

01 두부는 면포로 꼭 짜서 수분을 제거한다.

02 수분이 없는 도마에 01의 두부를 넣고 곱게 으깬다.

03 표고버섯은 뜨거운 물에 넣어서 기둥까지 부드러워지도록 불린 다음 물기를 꼭 짜서 잘게 다진다.

04 믹싱볼에 02의 두부, 버섯, 파, 마늘, 소금 등을 넣고 잘 섞는다.

05 실리콘 틀에 04의 반죽을 담고 김이 오른 찜기에 넣어서 10분간 찐다.

+TIP

+ 두부에 표고버섯을 넣고 치댈 때는 충분히 치대야 반죽이 분리되지 않는다.
+ 표고버섯 대신 닭고기나 소고기를 잘게 다져 넣어도 색다른 맛을 즐길 수 있다.

불린 표고버섯은 곱게 다진다.

수분을 제거하여 곱게 으깬 두부에 표고버섯과 양념재료를 섞는다.

치대며 잘 섞는다.

틀에 담고 찜기에 넣어 찐다.

자작하고 얼큰한 국물이 밥도둑

# 두부돼지고기찜

두부 1모

다진 돼지고기 100g
콩나물 200g
미나리 15줄기
대파 1/3대
식용유 2큰술

**밑간 양념**

참기름 1작은술
간장 1작은술

**찜 양념**

간장 1큰술
고춧가루 1큰술
고추장 1큰술
설탕 1/2큰술
올리고당 1큰술
마늘 1/2큰술
물녹말 1/2큰술
물 1/2컵
소금 약간
후추 약간

**01** 두부는 1cm 두께로 도톰하게 썰어서 소금을 뿌린 다음 키친타월이나 면포를 꼭 눌러 수분을 제거한다.

**02** 달군 팬에 기름을 둘러 두부를 노릇하게 구운 다음 차게 식힌다.

**03** **02**의 식힌 두부는 3등분으로 썰어 두고, 다진 돼지고기는 간장, 참기름으로 밑간한다.

**04** 콩나물은 꼬리를 다듬어서 찬물에 5분간 담갔다가 물기를 제거한다.

**05** 미나리는 씻어서 찬물에 5분간 담갔다가 물기를 제거하고 5cm 길이로 썬다.

**06** 찜 양념을 만든다. 대파는 어슷하게 썰어둔다.

**07** 손질한 콩나물과 물 3큰술을 냄비에 넣고 뚜껑을 덮어서 5분간 삶는다.

**08** **07**의 콩나물을 한쪽으로 밀어두고 **03**의 돼지고기를 넣어서 볶는다.

**09** **08**에 양념을 넣고 두부, 미나리, 대파를 넣어서 농도가 날 정도로 섞이면 불을 끄고 참기름을 넣는다.

**+TIP**

+ 물녹말은 물과 녹말가루를 1:1의 비율로 섞은 것이다.

## 두부돼지고기찜 만드는 법

두부는 도톰하게 썰어서 노릇하게 구운 뒤 식혀서 3등분 한다.

다진 돼지고기는 간장과, 참기름으로 밑간한다.

콩나물은 다듬어 찬물에 담가둔다.

손질한 콩나물과 물 3큰술을 냄비에 넣고 뚜껑을 덮어서 5분간 삶는다.

콩나물을 한쪽으로 밀고 밑간한 돼지고기를 한쪽에서 볶는다.

찜 양념을 넣는다.

미나리는 5cm 길이로 썬다.

찜 양념 재료를 섞는다.

소금으로 간한다.

두부, 미나리, 대파를 넣어 끓인다.

참기름으로 마무리한다.

순두부찌개

맑은순두부탕

대한민국 3대 찌개

# 순두부찌개

순두부 1봉

애호박 1/4개
양파 1/4개
대파 1/4대
청양고추 1개
바지락 150g

**찌개 국물**

고춧가루 2큰술
간장 1큰술
액젓 1큰술
달걀 1개
고추기름 1큰술
참기름 1큰술
소금 약간
후추 약간
물 1컵

**01** 바지락은 바락바락 문질러 씻은 다음 옅은 소금물에 해감한다.

**02** 순두부는 반으로 잘라 둔다.

**03** 애호박은 은행잎 모양으로 도톰하게 썰어두고, 양파는 사방 2cm 크기로 썬다.

**04** 고추와 대파는 어슷하게 썰고, 달걀은 그릇에 깨 둔다.

**05** 달군 냄비에 바지락, 고춧가루, 참기름을 넣고 볶는다.

**06** **05**의 재료에 애호박과 양파를 넣고 살짝 볶다가 물을 부어 끓인다. 간장, 액젓, 고추기름을 넣는다.

**07** 재료가 끓으면 순두부를 넣고 소금, 후추를 넣어서 간을 한다.

**08** 국물의 간이 맞으면 고추와 대파를 넣고, **03**의 달걀을 넣고 불을 끈다.

**+TIP**

+ 바지락 대신 국거리용 돼지고기를 이용해도 된다.
+ 달걀을 넣고 반숙으로 익을 때까지 끓여서 먹어도 좋다.

### 순두부찌개 만드는 법

바지락은 소금물에 해감한다.

애호박은 은행잎 모양으로 도톰하게 썬다.

달군 냄비에 고춧가루, 참기름, 바지락을 넣고 볶는다.

물을 부어 끓이다가 애호박과 양파를 넣고 더 끓인다.

순두부를 넣고 한 번 더 끓이면서 소금과 후추로 간을 맞춘다.

간을 맞추고 고추와 대파를 넣은 다음, 마지막으로 달걀을 넣고 불을 끈다.

순하고 시원한 국물

# 맑은순두부탕

순두부 1봉

느타리버섯 10개
다진 소고기 50g
단호박 100g
대파 1/3대

**탕 국물**
집간장 1큰술
소금 약간
후추 약간
다진 마늘 1/2큰술
물 1컵

**밑간 양념**
간장 1작은술
참기름 1/2작은술
다진 마늘 1/3작은술

**01** 다진 소고기는 밑간 양념을 넣어서 잘 섞어둔다.

**02** 순두부는 반으로 자른다.

**03** 단호박은 사방 2cm 크기로 썰고, 버섯은 밑동을 제거한 다음 2cm 크기로 썬다. 대파는 어슷하게 썬다.

**04** 냄비에 다진 소고기를 볶다가 단호박을 섞어 같이 볶는다.

**05** **04**에 물을 넣고 끓으면 버섯을 넣어 한소끔 끓인다.

**06** **05**에 순두부를 넣고 끓으면 간장, 소금, 후추 등으로 간을 맞춘다.

**+TIP**

+ 간을 맞추기 전에 국물을 조금 떠낸 뒤 들깻가루 3큰술에 찹쌀가루 1/2큰술을 개어 탕에 넣으면 더 부드럽고 고소하다.

## 맑은순두부탕 만드는 법

다진 소고기는 밑간한다.

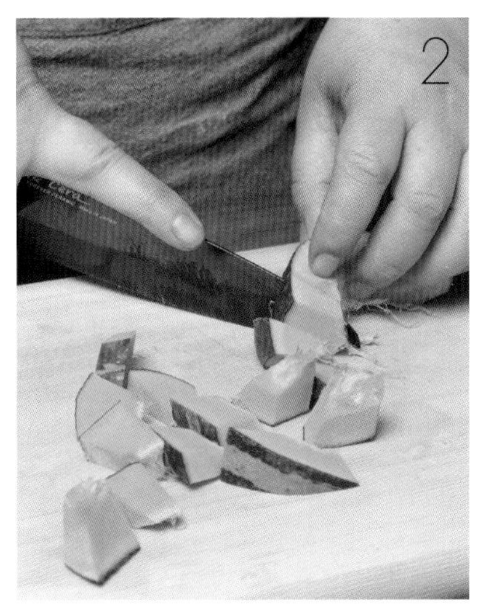


단호박은 2cm 크기로 깍둑썰기 한다.

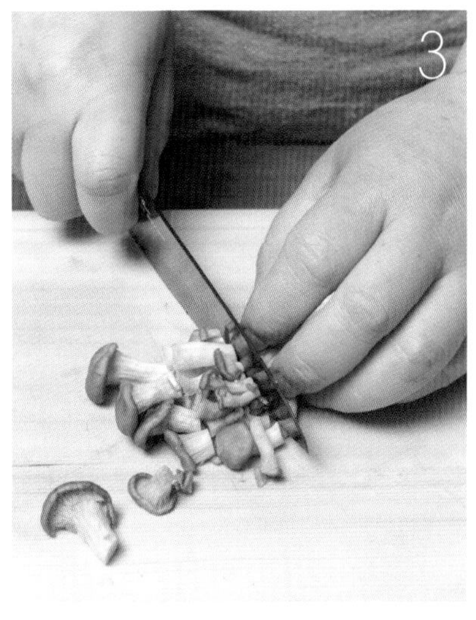


버섯은 밑동을 제거한 뒤 2cm 크기로 썬다.

밑간한 소고기를 볶다가 단호박을 함께 볶는다.

물을 넣고 끓으면 버섯과 순두부를 넣고 한 번 더 끓인다.

파를 넣고 간을 맞춘다.

부드럽게 넘어가는 개운한 국물

# 두부젓국찌개

두부 1/2모

굴 150g
홍고추 1개
쪽파 3대
새우젓 1큰술
마늘 1톨
소금 약간
참기름 한 방울

01 두부는 물에 헹군 다음 2×3cm 크기로 도톰하게 썬다.
02 새우젓은 꼭 짜서 다진 다음 고운체에 새우젓 물만 내린다.
03 굴은 소금을 넣어서 잘 흔들어 두세 번 정도 씻은 다음 체에 밭쳐 물기를 뺀다.
04 고추와 쪽파는 0.3×3cm 크기로 썰고, 마늘은 채 썬다.
05 냄비에 물을 부어 **02**의 새우젓 물을 섞고 채 썬 마늘을 넣어 끓인다.
06 **05**가 한 번 더 끓어오르면 굴과 두부를 넣는다.
07 **06**의 국물이 끓으면 소금으로 간을 하고 쪽파, 홍고추, 참기름을 넣고 한소끔 더 끓인 다음 불을 끈다.

**+TIP**

+ 두부를 미리 찬물에 담가두어 불순물을 제거해 주면 맑고 깔끔한 국물을 낼 수 있다.

## 두부젓국찌개 만드는 법

두부는 도톰하게 썬다.

새우젓은 잘게 다진다.

다진 새우젓은 체에 밭쳐 국물을 낸다.

쪽파와 고추는 3cm 길이로 썬다.

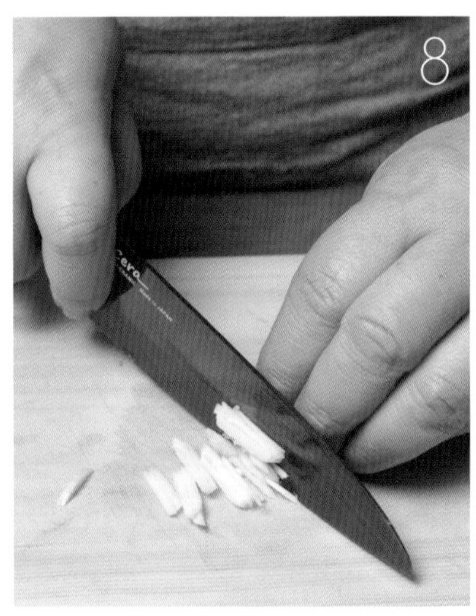

마늘은 채 썬다.

새우젓 국물에 채 썬 마늘을 넣는다.

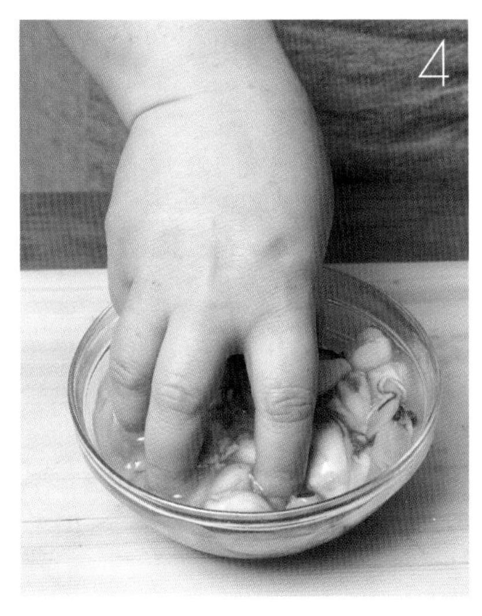

굴은 소금으로 씻은 후 물로 헹궈 체에 밭쳐 둔다.

국물이 한 번 끓으면 굴과 두부를 넣는다.

국물이 또 한 번 끓으면 쪽파와 홍고추를 넣고 참기름으로 마무리한다.

뜨끈한 국물 위 맛주머니 동동

# 유부주머니탕

유부 12장

다진 돼지고기 50g
당면 10g
대파 1/2대
쪽파 12대
쑥갓 잎 4장
곤약 1/6개

**탕 국물**

다시마(사방 5cm) 5장
무(2cm짜리) 1토막
간장 1/2큰술
소금 적당량
물 3컵

**밑간 양념**

간장 1/2큰술
후추 약간
참기름 1/2작은술

**01** 유부는 긴 나무젓가락으로 밀어서 끓는 물에 데친다.

**02** 데친 유부는 헹궈서 물기를 꼭 짠 다음 한쪽 모서리를 0.5cm 정도만 잘라서 유부 입을 벌린다.

**03** 당면을 불린 다음 물에 삶아서 부드러워지면 잘게 다지고, **02**의 끝을 자르고 남은 자투리 유부도 잘게 다진다.

**04** 곤약은 씻어서 0.5cm 두께로 썬 다음 가운데 川 자 모양으로 칼집을 넣고 가운데 칼집으로 뒤집어서 모양을 낸다.

**05** 다진 돼지고기는 양념으로 밑간하고, 대파는 잘게 다져서 준비한다.

**06** 믹싱볼에 다진 돼지고기, 당면, 소금, 후추 넣어서 잘 섞는다. 쑥갓은 씻어서 물기를 제거한다.

**07** 쪽파는 끓는 물에 데친 다음 찬물에 담갔다가 물기를 꼭 짠다. **06**으로 유부 속을 채우고 쪽파로 묶는다.

**08** 냄비에 물을 붓고 무와 다시마를 넣고 끓여 탕 국물을 만든다.

**09** **08**의 국물이 거품이 날 정도로 끓어오르면 불을 끈다. 30분 정도 둔 다음 다시마만 건진다.

**10** **09**의 국물에 간장과 소금을 넣어서 간을 한 다음 유부를 넣고, 끓으면 쑥갓을 넣는다.

**+TIP**

+ 곤약은 조리하기 전에 소금으로 문질러 씻은 뒤 사용하면 떫은맛을 줄일 수 있다.

## 유부주머니탕 만드는 법

당면은 불려서 삶은 뒤 잘게 다진다.

다진 당면, 자투리 유부와 돼지고기, 잘게 썬 대파를 섞고 소금, 후추로 간을 한 뒤 잘 버무려 속을 만든다.

무와 다시마로 국물을 만든다.

거품이 날 정도로 끓인 뒤 다시마만 건진다.

유부주머니 속을 채운다.

데친 쪽파로 유부주머니의 입구를 묶는다.

곤약에 川 모양으로 칼집을 넣고 가운데 칼집으로 뒤집어 모양을 낸다.

국물에 간장과 소금으로 간을 맞추고 곤약을 넣는다.

속을 채운 유부주머니를 넣고 한 번 더 끓인다.

칼칼한 국물에 푸짐한 건더기

# 두부전골

두부 1모

느타리버섯 1/2팩
새송이버섯 1개
미나리 10줄기
당근 1/2개
양파 1/2개
팽이버섯 1봉
불고기감 소고기 150g
당면 30g
대파 1/4대
청·홍고추 1개씩

**밑간 양념**

간장 1큰술
다진 마늘 1/2큰술
참기름 1/4작은술
후추 약간

**전골 국물**

고추장 2큰술
고춧가루 2큰술
액젓 1큰술
간장 1큰술
다시마 국물 3+1/2컵
소금 약간
후추 약간

**01** 소고기는 키친타월 위에 올려 핏물을 빼고 간장 1큰술, 다진 마늘 1/2큰술, 참기름 1/4작은술, 후추를 넣어서 밑간한다.

**02** 두부 3×4cm 크기로 도톰하게 썬다.

**03** 팽이버섯은 밑동을 제거한 다음 손으로 한 가닥씩 찢는다.

**04** 미나리는 물 1컵에 식초 1/2큰술을 넣어 5분 정도 담갔다가 헹군 다음 5cm 길이로 썬다.

**05** 당근은 버섯과 같은 크기로 썰고, 양파는 굵게 썰어서 준비한다.

**06** 대파와 고추는 5cm 길이로 썬다.

**07** 냄비에 물을 붓고 다시마 사방 5cm짜리 4장을 넣어 거품이 날 정도로 끓으면 불을 끄고 30분 후 다시마를 꺼낸다.

**08** **07**에 나머지 전골 국물 재료를 넣고 국물을 만든다.

**09** 전골 냄비에 재료를 돌려 담고 **08**의 전골 국물을 부어 끓인다.

**+TIP**

+ 미나리는 습한 물가에서 자라기 때문에 뿌리를 제거한 뒤, 꼭 식초물에 담궈 이물질이나 거머리 등을 제거해 주자.

## 두부전골 만드는 법

소고기는 키친타월로 핏물을 뺀다.

3

핏물을 뺀 소고기는 다진 마늘, 간장, 참기름, 후추 등으로 밑간한다.

버섯, 당근, 양파, 고추 등 각종 채소는 비슷한 길이로 썬다.

양파는 굵게 채 썬다.

대파와 고추는 5cm 길이로 썬다.

두부는 도톰하게 썬다.

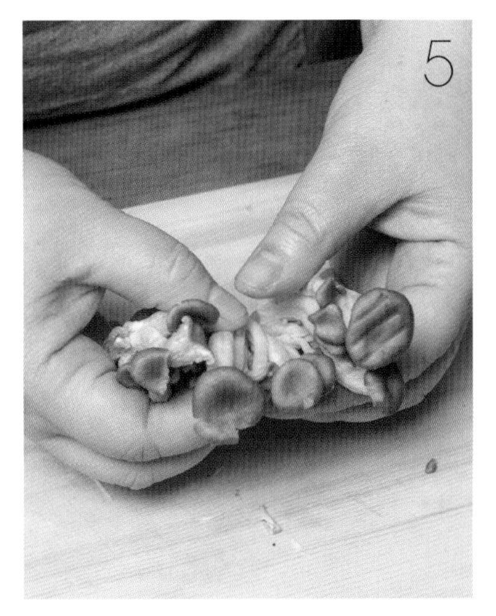

팽이버섯은 밑동을 제거한 뒤 손으로 한 가닥씩 찢는다.

미나리는 식초물에 담갔다가 헹구고 5cm 길이로 썬다.

다시마로 다시마물을 만든다.

전골 국물 재료를 만들어 다시마물에 섞는다.

전골 냄비에 손질한 재료를 두르고, 밑간한 소고기는 가운데에 담는다. 전골 국물을 부어 끓인다.

# 특별<br>한<br>상차림

◆

일상식 말고 다른 것이 먹고 싶을 때,
혹은 특별한 날 차려 놓기 좋은
두부로 만든 이색적인 요리들과
입맛 돋우는 간식들을 소개합니다.

색다른 조합으로 부드럽게

# 순두부카프레제

순두부 1팩

토마토(작은 것) 1개

올리브유 2큰술
소금 약간
후추 약간
바질 잎 1장
졸인 발사믹소스 1큰술

01 순두부는 0.7cm 두께로 도톰하게 썬다.

02 토마토도 0.5cm 두께로 썰어서 준비한다.

03 **01**의 순두부와 토마토를 순서대로 접시에 담고 소금을 뿌린다.

04 **03**의 접시 위에 올리브유와 졸인 발사믹소스를 뿌린다.

**+TIP**

+ 카프레제는 이탈리아어로서 이탈리아 카프리 섬 스타일의 샐러드라는 뜻이다. 원래는 치즈와 토마토로 만드는데, 이 레시피에는 치즈 대신 순두부를 사용했다.

토마토는 0.5cm 두께로 썬다.

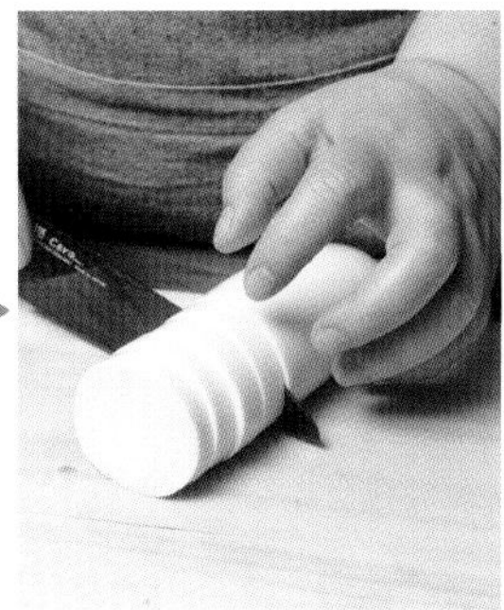

순두부는 0.7cm 두께로 썬다.

접시 위에 토마토와 순두부를 겹쳐 배열한다.

올리브유와 졸인 발사믹소스를 뿌린다.

짭짤하고 고소한 영양 간식

# **두부**치즈오븐구이

두부 1모

모차렐라치즈 1/2컵
체다슬라이스치즈 1장
밀가루 1/2컵
빵가루 2큰술
파슬리가루 1큰술
소금 약간

**01** 두부는 4등분 해서 키친타월 위에 올려 수분을 제거한다.

**02** **01**의 두부를 다시 편으로 2등분 하고 동그랗게 속을 파서 믹싱볼에 넣는다. 밀가루, 빵가루, 파슬리가루, 소금과 함께 으깨가며 잘 섞는다.

**03** 슬라이스치즈는 비닐을 벗긴 다음 잘게 썰어서 **02**의 두부에 넣고 후추도 함께 잘 섞는다.

**04** **02**의 속을 판 두부 안에 **03**을 넣고 모차렐라치즈를 얹어서 180℃의 오븐에서 15분 동안 굽는다.

**+TIP**

+ 두부 속을 만들 때 당근이나 버섯 등의 채소를 다져 넣어도 좋다.

썰어놓은 두부의 가운데 부분을 동그랗게 파낸다.

파낸 두부는 양념과 치즈와 섞어 버무린다.

버무린 두부를 두부 그릇에 담는다.

오븐에서 180℃ 온도로 15분 동안 굽는다.

닭가슴살이 들어가 더 고소한

# 두부스테이크

두부 1/2모

닭가슴살 1조각
다진 마늘 1작은술
간장 1/2큰술
후추 약간
쪽파 4대
빵가루 4큰술
찹쌀가루 2큰술
식용유 적당량

**스테이크소스**
돈가스소스 1컵
올리고당 1큰술
양송이버섯 5개
물녹말 1큰술
물 1컵

**01** 두부는 면포로 꼭 짜서 수분을 제거한다.

**02** 마른 도마에 **01**의 두부를 놓고 곱게 으깬다.

**03** 닭가슴살은 지방과 막을 제거한 다음 잘게 다져 준비한다.

**04** 믹싱볼에 두부와 닭가슴살을 넣고 다진 마늘, 간장, 후추, 송송 썬 쪽파, 빵가루, 찹쌀가루를 넣어 잘 치댄다.

**05** **04**의 반죽은 지름 10cm, 두께 1cm의 둥근 모양으로 빚어준다.

**06** 달군 팬에 기름을 살짝 두르고 앞뒤로 노릇하게 굽는다.

**07** 양송이버섯은 껍질을 벗기고 2cm 두께의 편으로 썰어 냄비에 넣어서 물과 같이 끓인다.

**08** **07**에 돈가스소스, 올리고당을 넣고 끓으면 물녹말로 농도를 맞춘 다음 불을 끈다.

**09** 접시에 구운 두부스테이크를 담고 스테이크소스를 붓는다. 쪽파를 송송 썰어서 소스 위에 올리고 마무리한다.

**+TIP**

+ 두부 스테이크 반죽에 당근, 양파, 피망, 버섯 등의 채소를 곱게 다져 넣어도 좋으나 팬에 한번 볶아서 넣어야 물기가 나오지 않는다.

## 두부스테이크 만드는 법

두부는 면포에 싸서 꼭 짠다.

수분을 제거한 두부는 곱게 으깬다.

닭가슴살은 잘게 다진다.

양송이버섯은 껍질을 벗기고, 편으로 썬다.

양송이버섯과 함께 스테이크 소스를 만든다.

으깬 두부와 다진 닭가슴살, 반죽 양념을 섞는다.

반죽하여 둥근 모양으로 빚는다.

둥근 반죽은 앞뒤로 노릇하게 굽는다.

물녹말을 넣어 농도를 맞춘다.

두부스테이크 위에 소스를 끼얹는다.

소스 위에 쪽파를 잘게 썰어 올려 마무리한다.

겉은 바삭, 속은 촉촉

# 두부말이커리튀김

두부 1/2모

쪽파 5대
청·홍피망 1/2개씩
춘권피 8장

**커리 반죽**
커리가루 1큰술
빵가루 1컵
밀가루 1/2컵
물 1/2컵
식용유 적당량

01 두부는 넓적하게 썬 다음 소금을 뿌려 수분을 제거하고 살짝 굽는다.

02 구운 두부를 5cm 길이로 썬다.

03 쪽파는 5cm 길이로 썰고, 피망은 0.5×5cm 크기로 썬다.

04 춘권피에 두부와 채소를 올리고 터지지 않도록 잘 만다.

05 밀가루, 커리가루, 물 1/2 컵을 넣고 잘 섞는다. **04**의 말이에 커리 반죽 옷을 입힌다.

06 **05**의 말이에 빵가루를 묻힌 뒤 180℃ 온도에서 튀긴다.

**+TIP**

+ 춘권피는 젖은 수건을 덮어 놓아 마르지 않게 유지시키는 것이 좋다. 춘권피가 마르면 말이를 만들 때 부서질 수 있다.

## 두부말이커리튀김 만드는 법

두부는 넓적하게 썬다.

소금을 뿌려 수분을 제거한다.

수분을 제거한 두부는 살짝 굽는다.

커리가루와 밀가루, 물을 섞어 커리반죽을 만든다.

구운 두부는 다시 5cm 길이로 썬다.

속에 들어갈 쪽파와 피망도 5cm 길이로 썬다.

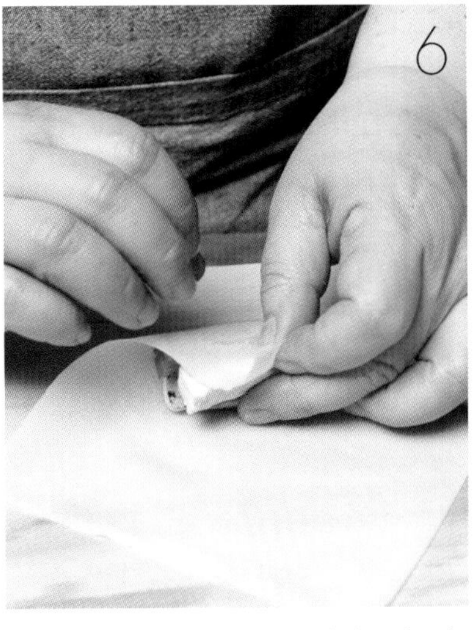


춘권피에 두부와 채소를 올려 한 번 말고 귀퉁이를 접어 다시 만다.

춘권피 쌈에 커리가루 반죽 옷을 입힌다.

빵가루를 묻힌다.

노릇하게 튀긴다.

매콤, 달콤, 고소한

# 두부강정

두부 $^{1}/_{2}$모

녹말가루 5큰술
견과류 2큰술
(호두, 아몬드)
식용유 적당량
소금 $^{1}/_{2}$작은술

**강정 소스**

고추장 2큰술
간장 $^{1}/_{2}$큰술
설탕 $1+^{1}/_{2}$큰술
식초 2큰술
올리고당 3큰술
물 3큰술
다진 마늘 1작은술

**01** 두부는 사방 2cm 크기로 깍둑썰기 한다.

**02** **01**의 두부에 소금을 뿌려 20분간 두었다가 키친타월로 물기를 제거한다.

**03** **02**의 두부에 녹말가루를 묻혀 180℃의 기름에서 노릇하게 튀긴다.

**04** 견과류를 사방 0.5cm 크기로 잘게 썰어서 달군 팬에 살짝 볶아 식힌다.

**05** 냄비에 올리고당을 제외한 나머지 강정 소스 재료를 넣어 자작하게 끓인 다음 올리고당을 넣어 식힌다.

**06** **03**의 튀긴 두부를 강정 소스로 버무린 다음 견과류를 뿌린다.

**+TIP**

+ 기름을 적게 사용하고 싶을 땐 팬을 기울여 기름을 고이게 하여 두부를 자주 굴려 주는 방법을 활용한다.
+ 녹말가루를 미리 묻혀 두면 두부의 수분으로 녹말가루 옷이 벗겨지므로 튀기기 직전에 녹말가루를 입힌다.

## 두부강정 만드는 법

깍둑썰기 한 두부에 소금을 뿌려 물기를 제거한다.

물기를 제거한 두부에 녹말가루를 묻힌다.

녹말가루 묻힌 두부를 기름에 튀긴다.

올리고당을 제외한 강정 소스 재료를 자작하게 끓인다.

불을 끄고 올리고당을 마지막에 넣는다.

튀긴 두부는 키친타월 위에 두어 기름기를 뺀다.

견과류는 잘게 다진다.

다진 견과류는 기름 없이 살짝 볶는다.

튀긴 두부를 강정소스에 넣어 버무린다.

마지막에 볶은 견과류를 넣고 버무린다.

담백하고 깔끔한 맛

# 홍쇼**두부**

두부 $^{1}/_{2}$모

당근(3cm짜리) 1토막
표고버섯 4개
양파 $^{1}/_{3}$개
대파 $^{1}/_{4}$대
마늘 3톨
생강 1쪽

**졸임 양념**

굴소스 1큰술
간장 2큰술
물녹말 $^{1}/_{2}$큰술
참기름 1작은술
소금 약간
후추 약간
식용유 적당량

**01** 두부는 사방 5cm 크기로 자른 다음 대각선으로 다시 잘라 0.5cm 두께의 삼각형 모양으로 만든다.

**02** **01**의 두부에 소금을 뿌린 다음 키친타월로 수분을 제거한다.

**03** 달군 팬에 기름을 두른 다음 두부를 앞뒤로 노릇하게 부친다.

**04** 표고버섯은 밑동을 제거한 다음 저미듯이 썬다.

**05** 당근은 자른 면 위에 1cm 간격으로 홈을 파서 편으로 썬다.

**06** 양파는 사방 3cm 크기로 썰고, 대파와 마늘, 생강도 편으로 썬다.

**07** 팬에 기름을 두른 다음 양파, 마늘, 대파, 생강을 넣어서 볶아 기름에 향을 낸다.

**08** **07**의 재료에 굴소스를 넣고 물을 부어 끓인다. 여기에 채소와 두부, 간장, 후추를 넣는다.

**09** **08**의 두부에 간이 배면 물녹말을 넣어서 농도를 맞춘 다음 불을 끄고 참기름을 넣고 그릇에 담는다.

**+TIP**

+ 센 불에서 볶아내는 것을 의미하는 홍쇼(烘燒)는 중국 사람들이 즐겨 쓰는 요리법이다.

## 홍쇼두부 만드는 법

두부는 0.5cm 두께의 삼각형 모양으로 썬다.

썬 두부에 소금을 뿌리고 물기를 뺀다.

물기 뺀 두부는 앞뒤로 노릇하게 부친다.

칼집 낸 당근은 편으로 썬다.

양파, 대파 등을 마늘, 생강과 함께 볶다가 굴소스를 넣는다.

물을 부어 끓인다.

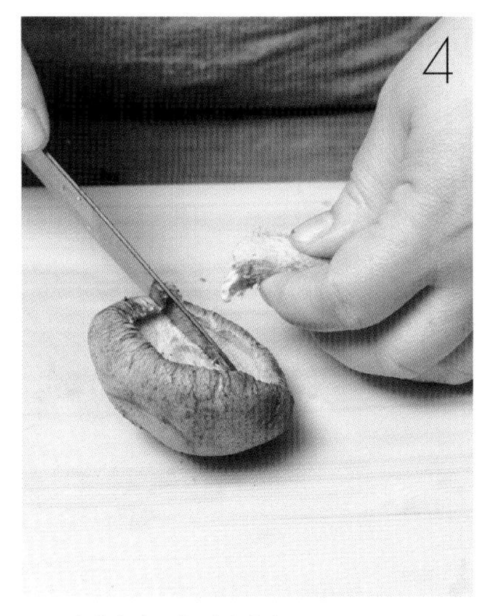


표고버섯의 밑동을 제거한다.

표고버섯의 머리 부분은 돌려가며 저미듯이 썬다.

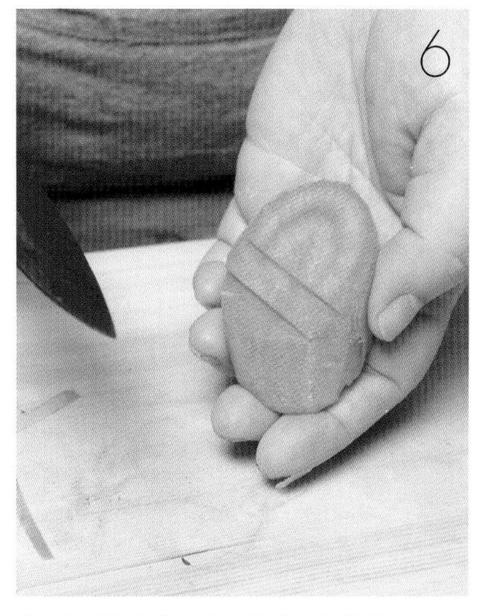


당근은 어슷하게 썬 단면에 칼집을 낸다.

두부와 간장, 후추를 넣는다.

물녹말을 넣어 농도를 맞춘다.

두부가라아게

두부만두

풍미 좋은 육수에 적셔 먹는 튀김

# **두부**가라아게

두부 1모

튀김가루 4큰술
달걀노른자 1개
간장 1/2컵
가츠오부시 1줌
송송 썬 쪽파 2큰술
레몬즙 1큰술
식용유 적당량

**가츠오부시 국물**
다시마(사방 5cm) 5장
국물용 가츠오부시 1줌
물 1컵
두부 담근 간장 2큰술

**01** 두부는 큼직하게 4등분 해서 간장을 부어 1시간 동안 담가 둔다.

**02** **01**의 두부는 건져내어 키친타월이나 면포 위에 얹어 수분을 제거한다.

**03** 다시마와 물 1컵을 냄비에 넣고 거품이 날 정도로 끓인 다음 불을 끄고 가츠오부시를 넣는다.

**04** 그릇에 달걀노른자와 물을 섞고 튀김가루를 넣어 튀김 반죽을 만든다.

**05** **02**의 두부를 반죽 속에 넣고 골고루 묻힌다.

**06** **05**의 두부는 달군 팬에 기름을 넉넉히 부어 전체적으로 노릇하게 튀기듯이 굽는다.

**07** **03**의 국물을 체에 거른 다음 간장 1/2큰술, 레몬 1큰술을 넣어서 소스를 만든다.

**08** 그릇에 튀긴 두부를 담고 **07**의 소스를 부은 다음 가츠오부시, 쪽파를 얹어서 낸다.

**+TIP**

+ 가라아게는 닭고기나 생선 등에 튀김옷을 입히지 않거나 혹은 밀가루나 전분 정도의 가루만을 가볍게 묻혀 튀겨서 먹는 일본 요리이다.

## 두부가라아게 만드는 법

두부 1모를 4등분 하여 간장에 1시간 동안 담가둔다.

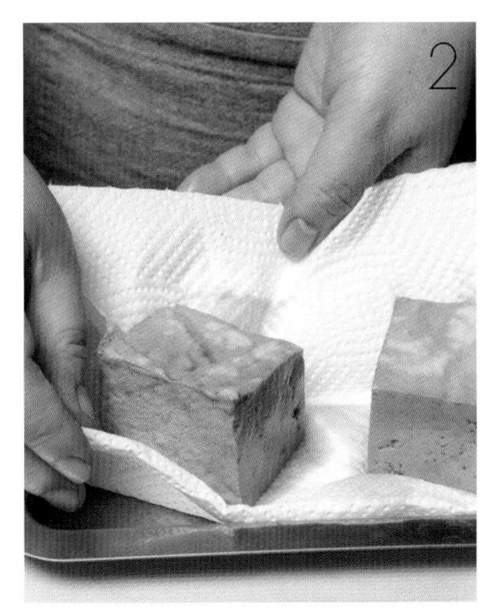

간장 색이 든 두부를 건져내어 키친타월 위에서 수분기를 없앤다.

두부에 튀김 반죽 옷을 입힌다.

두부를 돌려가며 골고루 튀긴다.

다 튀겨진 두부는 키친타월로 기름기를 뺀다.

가츠오부시 국물을 만든다.

고기 없이 담백하게

# 두부만두

두부 1/2모

부추 10줄기
새송이버섯 1개
만두피 12장

**만두 속 양념**
생강즙 1큰술
소금 약간
후추 약간
달걀 1개
참기름 1/2작은술
빵가루 4큰술

**01** 두부는 잘게 썰어서 키친타월 위에 두어 물기를 제거한다.

**02** 물기를 제거한 두부는 잘게 으깬다.

**03** 부추, 새송이버섯은 사방 0.5cm 크기로 잘게 썬다.

**04** **02**의 두부에 생강즙, 소금, 달걀, 후추, 참기름, 빵가루를 넣어서 간을 한다.

**05** **04**에 버섯, 부추를 넣어서 잘 섞어서 소를 만들고 만두피에 넣어서 피끼리 잘 붙도록 물을 발라 붙인다.

**06** **05**의 만두를 찜기에서 10분간 찐 다음 한 김 내보내고 접시에 담는다.

**+TIP**

+ 양배추나 배추 등을 잘게 썰어 살짝 데친 뒤 소에 넣으면 더 담백하고 시원한 맛이 난다.

### 두부만두 만드는 법

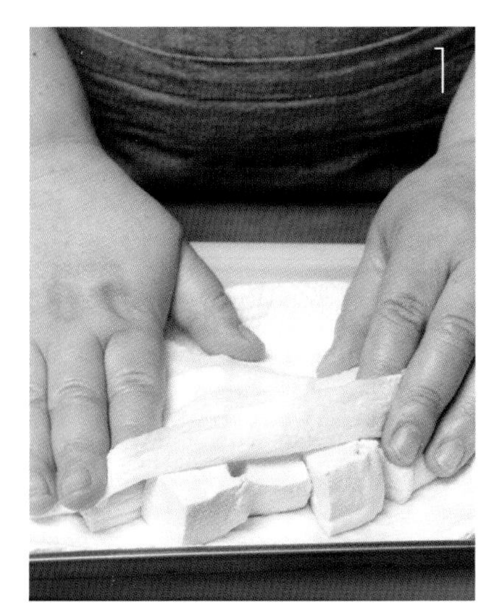

두부는 썰어서 키친타월 위에서 물기를 뺀다.

물기를 밴 두부를 으깬다.

으깬 두부에 양념하고 빵가루도 섞어준다.

잘게 썬 부추와 버섯을 섞는다.

만두를 빚는다.

찜기에서 찐다.

두부도 훌륭한 도우

# 두부피자

두부 1/2모

소금 1/2큰술
미니파프리카 2개
다진 돼지고기 100g
양파 1/2개
피자 소스 1컵
모차렐라치즈 1컵
파슬리가루 1작은술

**밀간 양념**
다진 마늘 1/2작은술
참기름 1/2작은술
소금 약간
후추 약간

01 두부는 넓게 편으로 썰어서 소금을 뿌려 키친타월이나 면포 위에 얹어 수분을 제거한다.

02 양파는 사방 0.5cm 크기로 썰어서 준비한다.

03 다진 돼지고기에 마늘, 참기름, 소금, 후추를 넣어서 밑간한다.

04 팬에 기름을 두른 다음 양파를 볶다가 **03**의 양념한 고기를 넣어서 볶는다.

05 **04**에 피자 소스를 넣어서 자작하게 졸인다.

06 미니파프리카는 0.3cm 두께로 썰어서 준비한다.

07 두부 위에 피자 소스, 미니파프리카, 모차렐라치즈, 파슬리가루를 얹어서 오븐에서 180℃로 15분 동안 굽는다.

**+TIP**

+ 오븐 없이 조리할 경우 먼저 두부를 표면이 노릇해지도록 바싹 굽는다. 두부에 소스와 모든 토핑을 얹고 나서 약한 불에서 치즈가 녹을 때까지 익힌다.

## 두부피자 만드는 법

두부는 넓게 편 썬다.

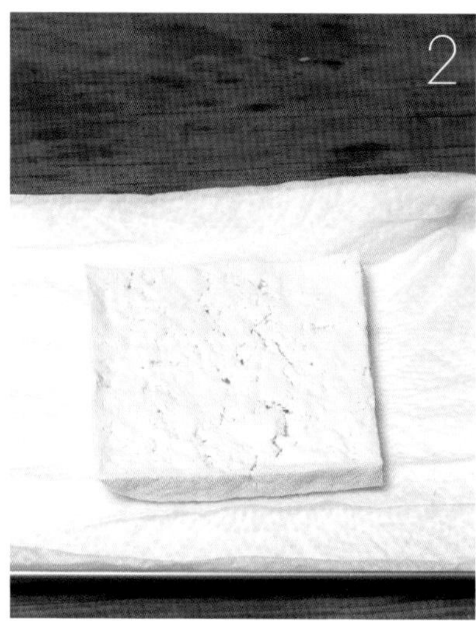

키친타월 위에서 물기를 뺀다.

다진 돼지고기를 밑간한다.

밑간한 돼지고기를 함께 볶는다.

볶아진 양파와 돼지고기에 피자 소스를 섞고 자작하게 졸인다.

두부 위에 돼지고기 볶음을 올린다.

양파는 잘게 다진다.

미니파프리카는 0.3cm 두께로 썬다.

양파를 먼저 볶는다.

모차렐라치즈를 올린다.

미니파프리카를 올리고 오븐에 굽는다.

영양 가득한 한입

# 두부미니샌드위치

두부 $^1/_2$모

토마토(작은 것) 1개
슬라이스치즈 1장
베이컨 2장
달걀 1개
양상추 잎 4장

**토핑 소스**

머스터드소스 적당량
케첩 1큰술
소금 약간
후추 약간

01 두부는 4등분 한 다음 1cm 두께로 도톰하게 썰어서 소금을 뿌려 수분을 제거한 후 팬에서 기름 없이 살짝 굽는다.

02 베이컨은 두부 크기에 맞춰 썰어 팬에 굽는다.

03 슬라이스치즈는 4등분 한다.

04 달걀 프라이를 만든 다음 두부 크기에 맞춰서 썬다.

05 토마토는 썰어서 소금을 뿌려 수분을 제거한다.

06 양상추는 뜯어서 물에 담갔다가 충분히 수분을 제거해서 준비한다.

07 두부에 머스터드소스를 바른 다음 달걀, 베이컨, 토마토, 치즈, 채소, 두부 순으로 얹고 꼬치용 꼬챙이로 고정시킨다.

**+TIP**

+ 샌드위치에 들어가는 재료는 비슷한 길이로 썰어야 모양도 예쁘고 산만하지 않다.

## 두부미니샌드위치 만드는 법

두부는 도톰하게 썰어 기름 없이 굽는다.

베이컨도 두부 크기에 맞춰 썰어 굽는다.

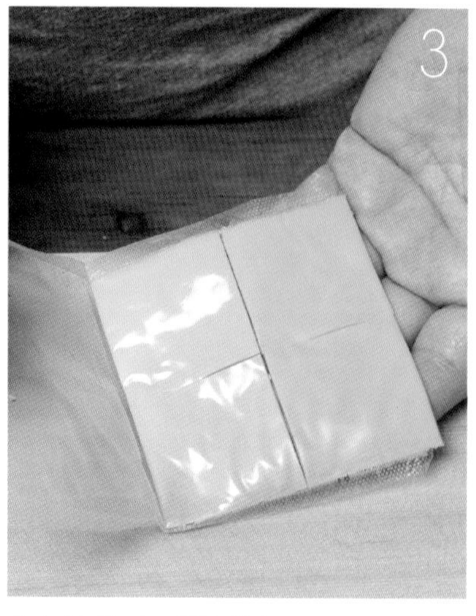


슬라이스치즈는 4등분 한다.

구운 두부 위에 소스를 바른다.

달걀 프라이를 올린다.

베이컨과 토마토를 올린다.

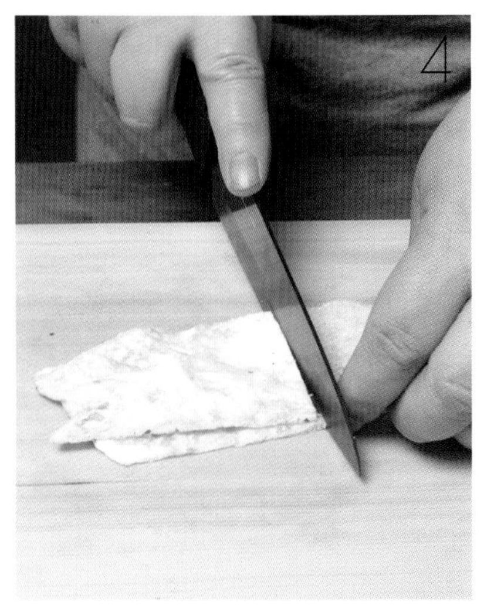


달걀은 얇게 지단을 부쳐 두부 크기에 맞춰 썬다.

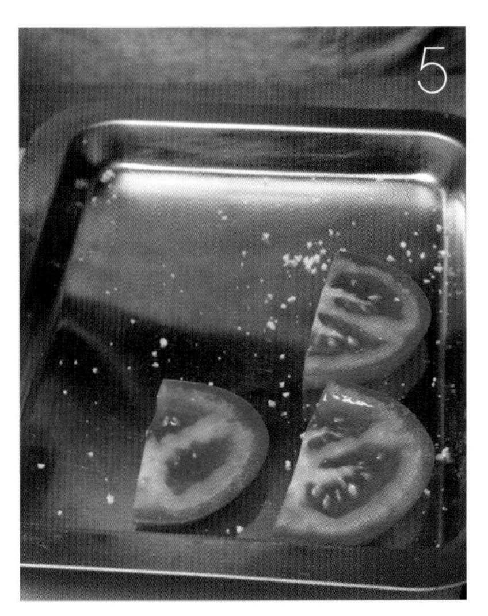


토마토는 소금을 뿌려 수분을 뺀다.

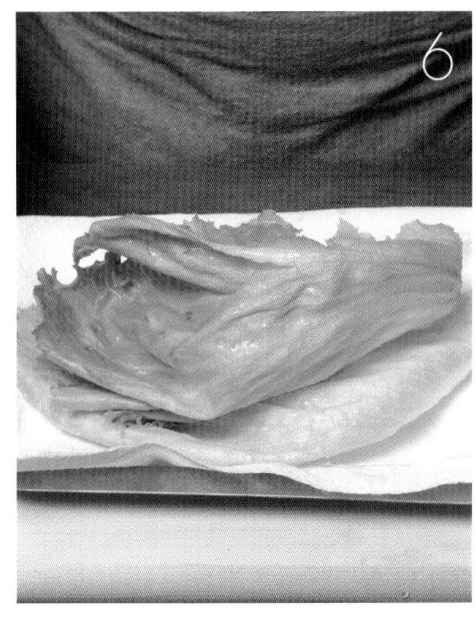


양상추는 수분을 뺀다.

치즈를 올리고 양상추를 올린다.

다른 두부로 덮는다.

싱싱한 채소를 예쁘게 먹는 방법

# 두부카나페

두부 1/2모

오이 1/4개
슬라이스치즈 1장
어린잎채소 1/4컵
크림치즈 3큰술
방울토마토 4개
소금 약간
후추 약간

01 두부는 둥근 모양 틀로 찍어 0.5cm 두께로 얇게 썬 다음 소금을 뿌려 수분을 제거한다.

02 오이는 얇게 어슷썰기 해서 물에 헹군 다음 물기를 제거한다.

03 슬라이스치즈는 4등분 한다.

04 어린잎채소는 씻어서 물기를 제거하고, 방울토마토는 반으로 잘라 준비한다.

05 두부 위에 치즈, 오이, 어린잎채소, 방울토마토를 얹어서 접시에 담는다.

+TIP

+ 기호에 맞는 여러 가지 다른 과일이나 채소를 활용해도 좋다.

## 두부까나페 만드는 법

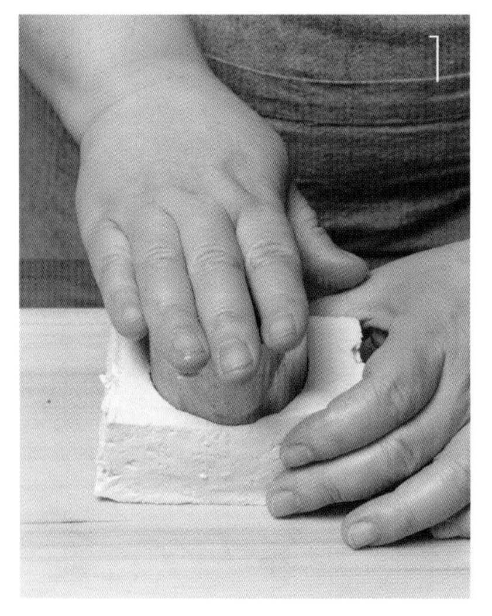


둥근 모양 틀로 두부를 찍는다.

원기둥 모양의 두부를 0.5cm 두께로 썬다.

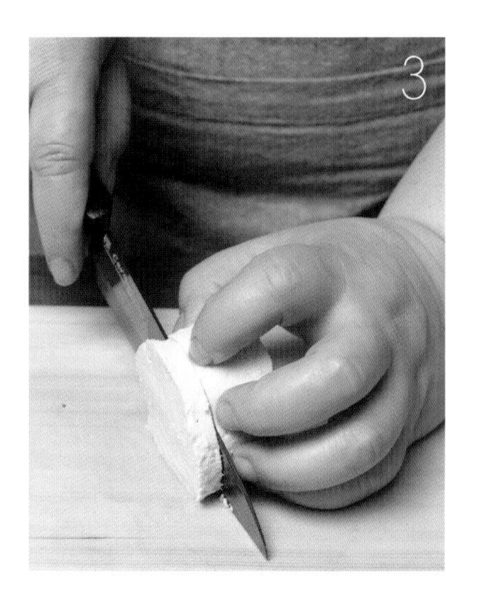

물기 뺀 두부에 크림치즈를 바른다.

슬라이스치즈는 4등분 한다.

크림치즈를 바른 면 위에 슬라이스치즈를 올린다.

썬 두부는 소금을 뿌려 수분을 제거한다.

오이는 얇게 어슷썰기 한다.

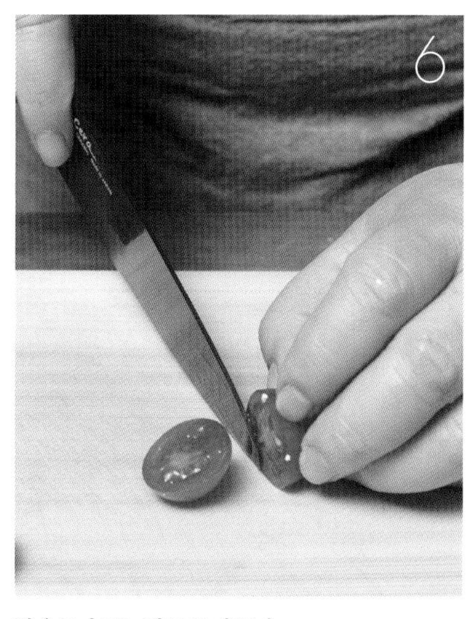


방울토마토는 반으로 가른다.

어슷썰기 한 오이를 올린다.

어린잎채소와 방울토마토를 올린다.

칼로리를 확 낮춘 건강 디저트

# 연두부티라미수

연두부 1팩

설탕 3큰술
카카오 가루 1큰술
판 젤라틴 2장
생크림 100g
카스텔라 1개
에스프레소 커피 2큰술

01 젤라틴은 물에 헹군 다음 5분간 불려서 스텐볼에 넣고 중탕한다.

02 01의 중탕한 젤라틴에 설탕을 넣고, 씻은 연두부도 체에 걸러 같이 섞는다.

03 02의 재료에 생크림을 넣고 휘핑기로 거품이 나도록 젓는다.

04 카스텔라는 먹기 좋은 크기로 잘라서 컵에 넣고 에스프레소 커피로 촉촉하게 적신다.

05 04의 카스텔라 위에 03을 조금씩 붓고 카스텔라를 다시 넣어서 붓기를 반복한다.

06 05를 깔고 위에 코코아가루를 뿌려 4시간 동안 냉장한다.

**+TIP**

+ 냉동실이 아니라 냉장실에서 굳히도록 한다.

## 연두부티라미수 만드는 법

젤라틴을 물에 헹군 다음 5분간 불린다.

스텐볼에 넣고 중탕한다.

중탕한 젤라틴에 설탕을 섞는다.

카스텔라는 먹기 좋은 크기로 썬다.

컵에 카스텔라를 한 층 깔고 에스프레소 커피로 적신다.

만들어둔 연두부 생크림을 카스텔라 위에 한 층 붓는다.

연두부는 체에 걸러 함께 섞는다.

생크림도 섞는다.

다시 그 위에 카스텔라를 한 층 더 깐다.

앞의 과정을 반복해서 컵을 채운 뒤 코코아가루를 뿌리고 냉장실에서 굳힌다.

찾아보기

## 가나다 순으로

ㄱ 강낭콩베이컨볶음_94 • 강낭콩수프_49 • 검은콩자반_81 ㄴ 낫토달걀말이_40 • 낫토마무침_70 • 녹두미니빈대떡_77 • 녹두죽_57 ㄷ 단팥죽_53 • 당근사과두유_170 • 두부가라아게_294 • 두부강정_285 • 두부굴소스볶음_223 • 두부김치_219 • 두부냉채_207 • 두부돼지고기찜_249 • 두부만두_296 • 두부말이커리튀김_281 • 두부멸치양념조림_243 • 두부목이버섯전_235 • 두부미니샌드위치_303 • 두부밥_185 • 두부버섯잡채_231 • 두부선_247 • 두부세발나물무침_215 • 두부소박이_239 • 두부스테이크_277 • 두부장비빔밥_193 • 두부전골_267 • 두부젓국찌개_259 • 두부초밥_195 • 두부치즈오븐구이_275 • 두부카나페_307 • 두부튀김채소볶음_227 • 두부피자_299 • 두유아이스크림_167 • 두유알찜_106 • 두유푸딩_172 • 땅콩조림_81 ㄹ 렌틸콩머핀_163 • 렌틸콩팔라펠_148 • 렌틸통커리_133 • ㅁ 마파두부덮밥_199 • 말린두부조림_245 • 맑은순두부탕_256 • 모둠콩닭고기부리또_155 •

모둠콩새우샐러드_63 • 모둠콩소고기스튜_125 • 모둠콩토마토수프_43 • 모둠콩페이조아다_121 •
모둠콩프리타타_117 ㅂ 백태비지찌개_99 • 병아리콩까슐레_129 • 병아리콩오이무침_068 •
병아리콩후무스와 채소스틱_146 • 비지우엉밥_36 ㅅ 순두부찌개_254 • 순두부카프레제_273 •
ㅇ 연두부냉채_211 • 연두부북어죽_203 • 연두부잔치국수_181 • 연두부티라미수_311 •
완두콩감자고로케_141 • 완두콩잔멸치조림_87 • 완두콩전_73 • 울타리콩페타치즈샐러드_059 •
유부주머니탕_263 • 유부초밥_189 ㅈ 작두콩돼지고기덮밥_29 • 줄기콩돼지갈비찜_101 •
줄기콩라이스페이퍼말이_113 • 줄기콩오징어볶음_89 • 줄기콩오코노미야키_137 • 줄기콩조개찜_108 •
ㅊ 청포묵냉채_33 ㅋ 콩국수_25 • 콩도넛_159 • 콩탕_96 • 콩톳조림_46 ㅍ 팥라떼_175 • 팥밥_39 •
팥치즈페이스트 오픈샌드위치_151 ㅎ 호랑이콩새우조림_83 • 홍쇼두부_289

# 찾아보기

## 재료 순으로


강낭콩 강낭콩베이컨볶음_94 • 강낭콩수프_49 검은콩 검은콩자반_81

낫토 낫토달걀말이_40 • 낫토마무침_70 녹두 녹두미니빈대떡_77 • 녹두죽_57

두부 두부가라아게_294 • 두부강정_285 • 두부굴소스볶음_223 • 두부김치_219 • 두부냉채_207 • 두부돼지고기찜_249 • 두부만두_296 • 두부말이커리튀김_281 • 두부멸치양념조림_243 • 두부목이버섯전_235 • 두부미니샌드위치_303 • 두부밥_185 • 두부버섯잡채_231 • 두부선_247 • 두부세발나물무침_215 • 두부소박이_239 • 두부스테이크_277 • 두부장비빔밥_193 • 두부전골_267 • 두부젓국찌개_259 • 두부초밥_195 • 두부치즈오븐구이_275 • 두부카나페_307 • 두부튀김채소볶음_227 • 두부피자_299 • 마파두부덮밥_199 • 말린두부조림_245 • 홍쇼두부_289

두유 당근사과두유_170 • 두유아이스크림_167 • 두유알찜_106 • 두유푸딩_172

땅콩 땅콩조림_81 렌틸콩 렌틸콩머핀_163 • 렌틸콩팔라펠_148 • 렌틸통커리_133

모둠콩 모둠콩닭고기부리또_155 • 모둠콩새우샐러드_63 • 모둠콩소고기스튜_125 • 모둠콩토마토수프_43 • 모둠콩페이조아다_121 • 모둠콩프리타타_117

백태 백태비지찌개_99 • 비지우엉밥_36 • 콩국수_25 • 콩도넛_159 • 콩탕_96 • 콩톳조림_46

병아리콩 병아리콩까슐레_129 • 병아리콩오이무침_68 • 병아리콩호무스와 채소스틱_146

순두부 맑은순두부탕_256 • 순두부찌개_254 • 순두부카프레제_273 연두부 연두부냉채_211 • 연두부북어죽_203 • 연두부잔치국수_181 • 연두부티라미수_311 완두콩 완두콩감자고로케_141 • 완두콩잔멸치조림_87 • 완두콩전_73 울타리콩 울타리콩페타치즈샐러드_59 유부 유부주머니탕_263 • 유부초밥_189 작두콩 작두콩돼지고기덮밥_29 줄기콩 줄기콩돼지갈비찜_101 • 줄기콩라이스페이퍼말이_113 • 줄기콩오징어볶음_89 • 줄기콩오코노미야키_137 • 줄기콩조개찜_108 청포묵 청포묵냉채_33

팥 단팥죽_53 • 팥라떼_175 • 팥밥_39 • 팥치즈페이스트 오픈샌드위치_151 호랑이콩 호랑이콩새우조림_83

GLOBAL SUPER FOOD · BEANS & TOFU

# 콩·두부


**초판 1쇄 인쇄** 2015년 10월 1일
**초판 1쇄 발행** 2015년 10월 5일

**발행인** 이웅현
**발행처** (주)도서출판 도도

**전무** 최명희
**편집** 백진이, 박주희
**교정** 박주희
**디자인** 김진희
**제작** 손은빈
**홍보·마케팅** 이인택

**요리·스타일링** 김외순
**사진** 강태희

**출판등록** 제300-2012-212호
**주소** 서울시 중구 충무로 29 아시아미디어타워 503호
**전자우편** dodo7788@hanmail.net
**문의** 02)739-7656



Copyright © (주)도서출판 도도



**ISBN** 979-11-85330-27-3
**정가** 16,800원



잘못된 책은 구입하신 곳에서 바꾸어 드립니다.
이 책에 실린 글과 사진은 저작권법에 의해 보호되고 있으므로
무단 전재와 복제를 일절 금합니다.